南京林业大学
研究生"双一流"规划教材建设项目资助
专业学位研究生课程案例库建设项目资助

风景园林史
文献导读与研究方法

许　浩　编著

东南大学出版社
SOUTHEAST UNIVERSITY PRESS
·南京·

图书在版编目(CIP)数据

风景园林史文献导读与研究方法 / 许浩编著. -- 南
京：东南大学出版社，2023.12
ISBN 978 - 7 - 5766 - 0312 - 5

Ⅰ.①风… Ⅱ.①许… Ⅲ.①园林建筑－建筑史－世
界－高等学校－教材 Ⅳ.①TU－098.41

中国版本图书馆 CIP 数据核字(2022)第 208739 号

责任编辑:朱震霞　责任校对:张万莹　封面设计:顾晓阳　责任印制:周荣虎

风景园林史文献导读与研究方法

FENGJING YUANLINSHI WENXIAN DAODU YU YANJIU FANGFA

编　　著：许　浩
出版发行：东南大学出版社
社　　址：南京市四牌楼 2 号　　邮编：210096　　电话：025-83793330
出 版 人：白云飞
网　　址：http://www.seupress.com
电子邮箱：press@seupress.com
经　　销：全国各地新华书店
印　　刷：广东虎彩云印刷有限公司
开　　本：787 mm×1092 mm　1/16
印　　张：9.25
字　　数：200 千字
版　　次：2023 年 12 月第 1 版
印　　次：2023 年 12 月第 1 次印刷
书　　号：ISBN 978 - 7 - 5766 - 0312 - 5
定　　价：45.00 元

本社图书若有印装质量问题,请直接与营销部调换。电话(传真):025-83791830

前言 Preface

作为南京林业大学风景园林学院研究生课程《风景园林历史与理论》的主讲老师，深感学生在进入研究生学习阶段后，亟需跳出本科课程学习界限，拓宽史论知识面。本读本是在本科课程《中外园林史》的基础上，配合高校风景园林专业教学，根据研究生培养目标、课程教学目标和教学改革目标，大幅拓宽知识体系，通过增加文献阅读量，为广大学生和研究人员提供史论方向学术研究选本。本读本为研究生学习风景园林历史与理论，以及从事风景园林历史研究或者遗产保护工作、拓展学科知识面提供帮助。

本书的基本思路是从广度、深度两方面入手，强调史学知识学习、视野拓宽与思辨能力的培养，以史学、材料、方法为三个中心环节，通过相关知识体系梳理、代表性文献选编和介绍，将风景园林历史与理论的学科体系面貌呈现给读者。

全书共分为三章，囊括了从史料、史学、园林史料到研究方法的内容。第一章为"史料与史学"，分为"史料的分类""史学的发展""史学著作体裁""文献史料流传"四节。本章主要目的是弥补风景园林本科生在史学知识方面的缺陷，培养学生对于史料、史学基本知识的把握能力。第二章为"古代园林史料"，包括"方志类史料""园记类史料""植物文献"和"古代园林图像""园林的营造""日本的造园"六节。本章内容上承本科园林史知识点，充分吸纳历史学、图像学领域的研究方法，旨在使研究生深化对各类造园史料的认知。第三章"园林史的研究方法"，包括"研究的方向与选题""选择与整理材料""学会使用脚注""园林史的个案研究""历时性研究与数字化方法应用"五节，旨在深化对研究方法的理解。

本教材主要特色：

1. 突出学术能力培养

围绕风景园林历史和理论核心内容，打破了以往古代园林史教材按照时间、地域对案例进行罗列性叙述的方式，而是从史料、史学、方法三个方面进行阐述，同时兼顾文献选编，突出"材料选择、史料辨析、学科交融"的学术训练过程，加强对读者的学术能力培养。

2. 突出与本科课程的衔接性

风景园林本科阶段设置有《中外园林史》相关课程。本读本注重与本科园林史教材（如周维权《中国古典园林史》）的连贯性，重复的知识点不再纳入。在此基础上，根据研究生培养目标，加强科学分析思辨能力训练，大量强化知识的广度拓展与深度挖掘。

3. 突出多学科的结合性

本读本充分结合史料学、图像学、GIS 的研究成果，在选文上突出"原真性、代表性、可读性、系统性"四原则,加强多学科知识整合与拓展。

　　本教材受到南京林业大学研究生院"双一流"规划教材建设项目资助,博士生刘伟、白雪峰,硕士研究生杨玮玮、张哲、陈涛、施袁顺、董玉玲等均有实质性贡献,在此一并致谢。因本人能力所限,编写时间仓促,遗漏、失误之处在所难免,敬请广大读者谅解。

许 浩

2023 年 10 月

目 录 Contents

第一章　史料与史学

第一节　史料的分类

史料即是历史学的基本材料，因此历史研究首先是认识史料。史料主要包括实物史料、文字史料、口述史料三类。

实物史料又称为"史迹遗存"，是占有一定三维实体空间的，能够直观地看得见、摸得着的史料，包括遗址、建筑遗存、墓葬、器具、石刻、绘画、雕塑、手稿和手卷遗物等。遗址是古代人类遗留下来的城堡、村落、寺庙、城墙、作坊、构筑物等①。建筑遗存即古人遗留的建筑物，建筑的布局、构造和构件（如砖瓦、斗拱、石作构件等）和装饰物具有丰富的时代和地域印记。墓葬是古人去世后的安置场所，古人"事死如事生，事亡如事存"②，墓葬的规格、形制、材料以及随葬品往往反映出阶级、财富、历史、地域、文化生活的信息。器具、石刻、绘画、雕塑、手稿和手卷等皆为历史遗物，又

---

① 辞海编辑委员会.辞海[M].上海：上海辞书出版社，2001：2524.
② 语出《礼记·中庸》。

称为"文物"，具有历史文化价值（图 1-1-1～图 1-1-5）。

图 1-1-1　波斯波利斯遗迹

（图片来源：《世界城市史》）

图 1-1-2　1906 年之前拍摄的颐和园万寿山建筑遗存

（图片来源：《清国胜景并风俗写真帖》）

图 1-1-3 帕特农神庙遗存

（图片来源：《世界城市史》）

图 1-1-4 北京孔子庙大成殿陛石浮雕

（图片来源：《北清大观》）

图 1-1-5　长城遗迹

(图片来源:《北清大观》)

文字史料又称文献史料,是指记载、记录人类生活、社会、交往、知识、文化、习俗、典章等的历史文字,包括各类历史书籍、手稿中的文字,以及碑刻、铭文、甲骨卜辞中的文字。根据内容,我国文字史料又分为考古史料、群经史料、诸子史料、纪传体史料、编年体史料、政书体史料、纪事本末体史料、传记史料、科技史料、宗教史料、学术史料、地理方志和谱牒史料、文集史料、笔记和杂史史料、类书丛书和辑佚书史料、档案史料、国外史料等①。

口述史料是人们历代口耳相传的历史记忆,其中既有大量的神话传说成分,也蕴含着一定的历史信息。在缺乏文字记录的情况下,口述史料往往成为古老信息传承、传播的主要形式。口述史料被整理、记录下来,转化为文献和音像形态。

---

① 安作璋. 中国古代史史料学[M]. 福州:福建人民出版社,1998.

第二节　史学的发展

一、先秦时期的史学

史学是对人类社会历史的认识、记载和撰述活动①。史学起于记录、记载活动。在文字出现之前，古人首先是采用结绳和画图的记录方式。《周易正义》云："上古结绳而治""事大，大结其绳，事小，小结其绳"②。画图即是在洞壁、石头、器物上刻绘图形和符号。图形和符号进一步发展，出现了象形文字。

记录由专职人员——史官担任。据传黄帝时期的史官为仓颉、沮诵，仓颉还最早使用了书契。殷商甲骨卜辞上出现了"史"字，是殷商时期设置史官的明证。最早的史官主要负责祭祀、宗教礼仪方面的事务。随着文字出现，史官记事职能不断加强。周代史官职能进一步细化，除了记事、祭祀和宗教仪式之外，还兼有保管文书、整理文字、宣达政令的作用。根据《周礼》记载，周代史官有太史、小史、内史、外史、御史之分，各个邦国也各有史官设置。这一时期遗存的历史记载有甲骨文、金文。殷商甲骨文是在龟甲、兽骨上所刻的关于王朝占卜的记录，是我国发现最早的文字形态。出现于殷商晚期至战国时期的金文又称为钟鼎文，是刻在青铜器上的铭文，记录内容较甲骨文更为丰富。

---

① 中国史学史编写组.中国史学史[M].北京:高等教育出版社,2019:3,绪论.
② 周谷城.中国史学之进化[M]//王东,李孝迁.中国古代史学评论.上海:上海古籍出版社,2018:167.

《诗经》《尚书》和《周易》不仅是儒家经典，也是较早的历史文献。《诗经》是我国最早的一部诗歌总集，收集了西周初年至春秋中叶五百年间的诗歌，包括《风》《雅》《颂》三部分，既有各地的民歌，又有祭祀和朝会的歌辞，反映了社会生活的历史信息。《尚书》收录了当时的朝章政令，属于政治文件汇编，反映了施政者的言论与行为。《周易》的内容是占卜，包括《易经》和《易传》。《易经》是六十四卦卦辞和三百八十四爻爻辞，成书于西周时期。《易传》是对卦辞和爻辞的解说和著述，成书于战国时期。《周易》阐述了万物运转的规律与过程，蕴含了朴素的历史哲理，是古代人们认识和解释各类现象的依据。

西周晚期至春秋时期，燕、宋、齐、鲁诸国皆修国史《春秋》，称为"百国《春秋》"，采用编年体记录国家大事和统治阶层的活动。春秋末年，孔子（前551—前479年）根据鲁国史书修《春秋》，采用编年体记录重要史事。孔子写《春秋》有明确的撰写规则和价值判断，以"春秋笔法"行"微言大义"之学，按照时间顺序"属辞比事而不乱"[①]，对史学发展和古代社会政治生活产生了极大的影响。

《春秋》成书后，出现了注解其经文意义的著述，重要的当推《春秋》三传之《左传》《公羊传》和《穀梁传》。《左传》成书于战国初期，是第一部较为成熟的编年体史书，结合了纪事本末和纪传的写法，详细记录了春秋时期各国的重要事件、社会情况和代表人物的言论和活动等，蕴含了大量关于春秋时期的史料。《公羊传》和《穀梁传》成书时间可能是战国晚期到西汉前期，对《春秋》的注释准确且深入，文风生动，补充了很多春秋时期的史实。

战国时期，出现了《国语》《世本》《战国策》《山海经》《竹书纪年》等历史和地理撰述。《国语》作于战国初期，采用分国撰述的方式，记录了西周末年至

---

① 朱谦之. 中国史学之阶段的发展[M]//王东,李孝迁. 中国古代史学评论. 上海:上海古籍出版社,2018:92-93.

春秋末年约四百余年各国的史事。《世本》主体成书于战国末年，偏重从黄帝至春秋时期王侯贵族的谱系梳理，属于综合体史书。《战国策》以记言为主的方式主要记载了战国时期说客游士的权谋和计策以及军政大事。《山海经》是一部具有神话色彩的书，包括《五藏山经》《海外四经》《海内四经》《大荒四经》《海内经》，记载了山川、民族、物产、风俗、奇禽异兽、神话传说，现存3万多字。《竹书纪年》作于战国后期，作者为魏国人。此书原来是魏襄王的随葬品，西晋初年出土。该书为竹简小篆，所记之事上迄黄帝，下至魏襄王时期，属于编年体通史史书。

二、秦汉时期的史学

秦汉时期的史学发展包括五个方面的成就，分别为：司马迁作纪传体史书《史记》、班固作断代史《汉书》、官修纪传体《东观汉记》问世、荀悦作编年体朝代史《汉纪》，以及刘向、刘歆的历史文献整理。

《史记》原名《太史公书》，共130篇，为西汉太史令司马迁（字子长）所作。司马迁父亲司马谈是汉武帝时期的太史令，著有《论六家要旨》。司马迁喜游历，曾跟随孔安国修习《尚书》，随董仲舒学习《春秋》。司马谈去世后，司马迁承袭太史令一职，后因为李陵战败一事触怒武帝而入狱受刑。司马迁继承父业修史，撰写了史学巨著《史记》。《史记》多取材于《左传》《国语》《世本》《战国策》《楚汉春秋》，记载了传说中的黄帝至汉武帝天汉年间共计两千余年史事，以人物为中心，体例完整，贯通古今，规模宏大，内容丰富，开创了我国纪传体史书的先河①。

《史记》所载止于汉武，故司马迁之后，诸少孙、刘向、刘歆、扬雄、冯

---

① 梁启超.《史记》解题及其读法[M]//王东,李孝迁.中国古代史学评论.上海:上海古籍出版社,2018:451-463.

商、史岑、班彪等人，不断续作《史记》，其中班彪为《史记》作《后传》数十篇。班彪之子班固，字孟坚，扶风安陵（今陕西咸阳西北）人，曾任兰台令史，继承父志作《汉书》。《汉书》成书于东汉初期，在体裁上继承了《史记》的纪传体结构，专述汉高祖至王莽西汉王朝两百三十余年的史事，是我国第一部纪传体断代史。班固在《汉书》中进一步充实史料，继承了司马迁的"实录"精神，对历史事件秉笔直书，在体裁上完善了书志体，被尊为后世修史法式①。

秦早期建立了史官和修史制度，史官执掌记注之职，曾修《秦记》。西汉时期设置有太史令，执掌司天和记事，另有御史中丞执掌图籍秘书。东汉时期兰台是东汉图书典籍收藏之处，修史和执掌文书档案由兰台令史、校书郎负责。汉章帝以后，图籍保管与撰史功能移至东观。班固、刘珍、蔡邕等先后参与修撰东汉当代史，初名《汉记》，因书主要成于东观，故名《东观汉记》。与《春秋》《史记》和《汉书》均为私人撰述不同，《东观汉记》是一部官修纪传体断代史，共143卷，保存了大量关于东汉的官私文献史料，开创了官修史书的先河。

荀悦（148—209年），字仲豫，东汉颍川颍阴（今河南许昌）人，曾为皇帝近臣，因汉献帝认为《汉书》烦琐难读，故按照编年体体裁改编《汉书》，作《汉纪》30卷。《汉纪》对原来的编年体进一步改造和完善，采用"通而叙之，总为帝纪""撮要举凡，存其大体""通比其事，列系年月"的方法，并创造了"类叙法"，对《汉书》所记载西汉史实进行裁减加工，更清晰地展现了事件、人物的联系和历史变化的规律，建立了规模完整的编年朝代史体。编年体和纪传体自此成为中国史书的两大基本史体②。

---

① 陈其泰.《汉书》历史地位再评价[M]//张越.史学史读本.北京：北京大学出版社，2006：95-111.
② 中国史学史编写组.中国史学史[M].北京：高等教育出版社，2019：70-73.

刘向、刘歆父子是两汉之际著名的学者，主持了我国历史上第一次大规模的文献整理事业。有感于古代文献大量流失的问题，汉成帝曾命陈农访求天下图书，刘向、刘歆先后负责图籍整理和校订工作。刘向等在校理、辑佚、辨伪的基础上，对图书分类编排，为每部书撰写叙录，创设了古代目录学和校雠学。刘歆在其基础上作我国第一部目录学著作——《七略》，后由班固编纂纳入《汉书·艺文志》。

三、魏晋南北朝史学

魏晋南北朝时期，朝代更迭频繁，政权林立，民族迁移、衣冠南渡，促进了民族融合和南方经济的开发。这一时期，主要政权官方设置有执掌修史的机构和职位，修史之风大盛，史家辈出，私撰史书和官撰史书多途发展。在断代史方面，有范晔的《后汉书》、司马彪《续汉书》、袁宏《后汉纪》叙述东汉史，西晋陈寿《三国志》述三国史。现在可考的，叙述晋史的有 23 种之多，十六国史的有 29 种，南朝史的有 22 种，北朝史的则有北魏崔浩等人撰《国书》30 卷、北齐魏收撰《魏书》130 卷，以及北齐崔子发所撰的《齐纪》。另外还有大量的帝王起居注，记录了帝王言行事等史料。这些朝代史既有编年体，也有纪传体，重视史家评论和注解，提供了丰富的史料[①]。

除了朝代史以外，魏晋南北朝门阀之风盛行，品评人物成为社会的风气，推动了家传、别传、谱牒的撰述。佛教在这一时期进一步传播，出现了佛教典籍，较具代表性的有东晋法显所撰《佛国记》、南朝萧梁时期僧祐所撰的《出三藏记集》和《弘明集》，慧皎所撰的《高僧传》等。

这一时期政权林立，出于疆域拓展、地方开发和管理的需要，地理书和

---

① 中国史学史编写组. 中国史学史[M]. 北京：高等教育出版社，2019：89-91.

地方史志开始出现。

四、隋唐五代史学

隋唐是官修史书大发展的时期。隋文帝开始禁止民间私撰国史。唐代由宰相监修国史，史籍汇集于秘书省，秘书省之下设置史馆，负责修史的史官、修撰皆由官员兼任①。隋唐官修史书分为前朝史和本朝史。前朝史有隋文帝时期魏澹所撰的《魏书》、唐贞观十年（636年）修成的"五代史"（包括姚思廉所撰的《梁书》56卷、《陈书》36卷，李百药所撰的《齐书》50卷，令狐德棻、岑文本、崔仁师所撰的《周书》50卷，魏徵、颜师古、孔颖达等所撰的《隋书》55卷）、贞观二十二年（648年）撰成的《晋书》132卷（房玄龄、褚遂良监修，令狐德棻、敬播等撰述）、显庆元年（656年）成书的《五代史志》30卷，以及李大师、李延寿父子所撰的《南史》《北史》。本朝史包括实录、起居注和国史三类。实录是按照编年体体裁记录国君在位时的大事，起居注是史官记载的皇帝言行录，国史则是纪传体朝代史，三者构成了系统的官方史学活动，受到唐代统治阶层的重视。

"五代史"只有纪传而没有志，自贞观十七年（643年）至显庆元年（656年）修撰而成的《五代史志》（又称《隋志》），包括《礼仪志》《音乐志》《律历志》《天文志》《五行志》《食货志》《刑法志》《百官志》《地理志》《经籍志》共计10篇30卷，被誉为《史记》八书和《汉书》十志以后最重要的史志，代表了正史书志发展的新阶段②。其中的《经籍志》将历代文献分为经史子集四部，史部下分正史、古史、杂史、霸史、起居注、旧事、职官、仪注、刑法、杂传、地

---

① 金毓黻.唐宋时代修史制度考[M]//张越.史学史读本.北京：北京大学出版社，2006：179-189.
② 中国史学史编写组.中国史学史[M].北京：高等教育出版社，2019：123-124.

理、谱系、簿录十三类，确定了史书在文献分类中的地位①。

在前朝史、本朝史以及史志以外，唐德宗和唐宣宗时期苏弁、苏冕、崔铉等分别编辑、修撰了两次会要，记唐代沿革诸事。两次编纂共计80卷，其性质介于典制史和类书之间②。

除了官修史书以外，杜佑（735—812年）所撰《通典》、刘知几（661—721年）所撰《史通》是唐代史学的两座丰碑。《通典》记事上迄黄帝、下至唐玄宗天宝末年，分食货、选举、职官、礼、乐、兵、刑、州郡、边防九门，以制度史为中心分门列目，开创了典制体通史的先河。刘知几原任史官，因不满官修史书的混乱，辞职后撰写了《史通》。该书是我国历史上第一部史学批评著作，书中系统阐述了刘知几关于史书内容、体裁、体例、编撰方法、原则、文字表述、史学功用、史家评价方面的见解③。

作为对正史的补充，历史笔记在唐代，尤其是晚唐有了长足的发展。历史笔记结合了文学的特点，可读性强，流传广泛，在一定程度上反映了当时的社会面貌。现存的唐代历史笔记有《隋唐嘉话》《国史补》《因话录》等④。

五、五代两宋史学

五代两宋时期，门阀士族的影响逐渐削弱，庶族通过科举体制登上历史舞台，儒道复兴，民族进一步融合，这些社会因素推动了史学进一步发展。宋太宗时期设置史馆和编修院负责修史，编修院隶属门下省，负责国史实录

---

① 傅振伦.中国史籍分类之沿革及其得失[M]//王东,李孝迁.中国古代史学评论.上海:上海古籍出版社,2018:405.
② 中国史学史编写组.中国史学史[M].北京:高等教育出版社,2019:163.
③ 周谷城.中国史学之进化[M]//王东,李孝迁.中国古代史学评论.上海:上海古籍出版社,2018:178-179.
④ 中国史学史编写组.中国史学史[M].北京:高等教育出版社,2019:162.

和日历。史馆与昭文馆、集贤院并称"三馆"，置于禁内，赐名"崇文院"。崇文院内又设秘阁，与三馆合称馆阁，设置修撰等官职专任修史。这一时期，史学的发展主要体现在前朝史、通史、本朝史编纂，以及史学评论方面。

官修前朝史书较有代表性的有五代史、唐史和四大部书。五代宋初统治者非常重视总结唐代历史教训，后梁后唐后晋都尝试编纂唐代史。后晋开运二年（945年）修成《唐书》（后称《旧唐书》）220卷，书中收录了丰富的唐代史料。王溥以唐代苏冕和崔铉的《会要》《续会要》为基础，增补史料，修撰而成《唐会要》100卷，记载了唐代典章制度的沿革损益情况。宋开宝六年（973年）宋太祖下令修撰《五代史》（后称为《旧五代史》），翌年修成。全书始于朱温建立后梁，迄于赵匡胤陈桥兵变，内有《本纪》《列传》《世袭列传》《僭伪列传》及十志，所记录五代十国资料较为丰富。

宋太平兴国二年（977年）至九年（984年），翰林学士李昉等受诏命负责编纂《太平御览》《文苑英华》和《太平广记》。《太平御览》将前代类书分门别类成1000卷，经八年成书。《文苑英华》录入前代作家2200人，文章2万篇，是继《文选》之后最重要的文章总集。《太平广记》取材于前代野史、小说，共计500卷。景德二年（1005年），王钦若等人修撰《历代君臣事迹》，大中祥符六年（1013年）成书，共计1000卷，宋真宗赐名《册府元龟》。《太平御览》《文苑英华》《太平广记》和《册府元龟》并称为北宋四大部书。

宋庆历年间，儒道复兴，"宋学"发展，政府开始着手新的前朝史修纂工作。欧阳修（1007—1072年，字永叔）主持编纂《新五代史》。该书于皇祐五年（1053年）撰成，师法春秋，以"微言大义"的写法对五代之史多有褒贬议论，后人对其评价甚高，因而逐渐取代了《旧五代史》。嘉祐五年（1060年），欧阳修、范镇、吕夏卿撰成《新唐书》，书中同样贯穿了春秋笔法，新创的《仪卫志》《兵志》，记录了唐代皇帝仪仗护卫、军事制度的变化，书中的《艺文志》则反映了唐代学术的发展，《方镇表》列示了藩镇割据的情况。

唐朝之前，除《史记》以外的通史编纂极少。中唐以后，通史编纂逐渐增多，两宋时期出现了《资治通鉴》《通志》《文献通考》等划时代的通史著作。司马光（1019—1086 年）总编，刘恕、刘攽、范祖禹分纂的编年体通史《资治通鉴》，历时十九载，于元丰七年（1084 年）书成。全书 354 卷，上起战国下至五代，涉 1362 年史迹。全书先按照时间顺序排列事目，进而经整理、修订、取舍、润色而勒成。同时成书的有《资治通鉴目录》和《资治通鉴考异》各 30 卷，用以索引大纲和辩证歧义①。全书史料浩繁、考证精细、叙事扼要、编纂得体，代表宋代史书编纂的新成就。因该书篇幅过于浩大，常人难读，袁枢（1131—1205 年）将其简化改编，撰《通鉴纪事本末》，全书 42 卷，分 239 篇，每篇一题，以事件为中心统筹史料，开创了继编年体、纪传体之后第三种重要的史书体裁——纪事本末体②。

与《资治通鉴》体裁不同，南宋郑樵（1104—1162 年，字渔仲）所作《通志》是纪传体通史，全书 200 卷，包括帝纪、皇后列传、年谱、列传、略。在"二十略"中，《天文略》《地理略》《器服略》《乐略》《艺文略》《灾祥略》六略参照前书，《礼略》《职官略》《刑法略》《选举略》《食货略》五略出自杜佑的《通典》，《氏族略》《六书略》《七音略》《都邑略》《谥略》《校雠略》《图谱略》《金石略》《昆虫草木略》九略为其首创，反映了典制史、文化史、社会史、学术史的成就，是专门史撰述的新发展。

在本朝史方面，宋代设置起居郎、起居舍人编《起居注》，两府（枢密院

---

① 张芝联.《资治通鉴》纂修始末［M］//王东，李孝迁.中国古代史学评论.上海:上海古籍出版社，2018:530-539.

② 朱谦之.中国史学之阶段的发展［M］//王东，李孝迁.中国古代史学评论.上海:上海古籍出版社，2018:109-110.

和中书门下)中委派专人记录《时政记》，设置专职机构编辑《日历》，此三者皆为本朝的史料汇编，为本朝史书编纂积累了系统、详细的资料。宋代君主仿照唐代，编修了《会要》共计 11 种 3000 余卷，采用编年体体例编纂"实录"，并在其基础上加以是非评价，编纂纪传体"国史"①。南宋时期私人撰述本朝史较为发达。其中，李焘(1115—1184 年，字仁甫)仿照《资治通鉴》体例，于淳熙十年(1183 年)修撰成《续资治通鉴长编》980 卷，上起建隆，下至靖康，记事翔实。绍熙五年(1194 年)徐梦莘(1126—1207 年，字商老)撰成编年体《三朝北盟会编》250 卷，记事上起宋政和七年(1117)年宋金"海上之盟"，下至宋绍兴三十二年(1162 年)完颜亮被杀后宋金恢复和议。嘉定元年(1208 年)李心传(1166—1243 年，字微之)撰成《建炎以来系年要录》200卷，该书是《续资治通鉴长编》的续作，主要记载高宗朝 36 年之事②。

两宋时期，金石考据有了巨大的发展。欧阳修作的《集古录》，赵明诚(1081—1129 年，字德父)作的《金石录》30 卷，郑樵《通志》中的《金石略》均为金石学的重要著述。吴缜(字廷珍)撰《新唐书纠谬》20 卷，对《新唐书》谬误进行了指摘和订正，王应麟(1223—1296 年，字伯厚)作有《困学纪闻》20卷，张淑著有《汉书刊误》，刘攽著《东汉刊误》，吴仁杰著《两汉刊误补遗》，代表了文献考据的新发展③。史学批评方面，吴缜提出史学的要义包括事实、褒贬和文采，涉及史学的内容、材料、评价和表述等核心问题。苏洵(1009—1066 年)提出了经学和史学的异同点及其相互关系。理学家朱熹则提出在经学和史学之间，经学具有主导地位。曾巩(1019—1083 年)则提出"将以是非得失、兴坏理乱之故而为法戒，则必得其所托，而后能传于久，

---

① 中国史学史编写组. 中国史学史[M]. 北京:高等教育出版社,2019:175-181.
② 中国史学史:198-200.
③ 中国史学史:209.

此史之所以作也"。也就是说，人们是通过史书认识历史、评价历史的①。这些论说从多方面阐述了史学的要素、特性，史书的作用以及经史的关系。

六、元明清史学

元朝设置起居注官和翰林国史院，修史机构规模庞大，人员众多，不仅负责起居注等日常的记录和史料积累，还修纂本朝史、前朝史。前朝史主要是元至正五年（1345年）全部完成的《辽史》116卷、《金史》135卷和《宋史》496卷。本朝史包括实录、各类纪传、各类政书。元代统治者重视典章政书的编纂，先后修成《大元通制》《经世大典》880卷、《元典章》60卷，在地理志方面修成《大一统志》755卷。李志常的3卷《长春真人西游记》记录了丘处机拜谒成吉思汗直至回燕京的见闻，另有耶律楚材《西游录》、刘郁《西使记》、郭松年《大理行记》、徐明善《安南行记》、汪大渊《岛夷志略》、乃贤《河朔访古记》均为代表性游记和行记，记载了当时的地理风土人情资料。陶宗仪撰30卷《南村辍耕录》，以笔记体记录了宋元的天文地理、典章制度、历史风物等资料。元大德十一年（1307年）马端临撰成典制类通史巨著《文献通考》348卷，记录上古时期至南宋嘉定年间历代典章制度变化，在杜佑《通典》的基础上有了进一步的拓展。

明初合并了史馆和翰林院，将其置于外朝机构，废除起居注记录制度。官修本朝史方面，先后修撰了13部实录，共计三千余卷，记录了除崇祯朝以外的15朝政事制度与人事变更。明代思想活跃，商品经济发达，私人著史极为普遍。私撰本朝编年史有陈建的《皇明资治通纪》、薛应旂的《宪章录》、黄光昇的《昭代典则》、谭希思的《明大政纂要》等，私撰典志体史书有

---

① 中国史学史:183.

徐学聚的《国朝典汇》、王圻的《续文献通考》等，私撰奏议汇编有陈子龙的《明经世文编》，专史有杨时乔的《皇明马政纪》、杨宏的《漕运志》、茅元仪的《武备志》等，另有大量的野史稗乘，如沈德符的《万历野获编》、陆容的《菽园杂记》、张萱的《西园闻见录》等。晚明时期著名文学家、史学家王世贞（1526—1590 年）著有《弇山堂别集》《嘉靖以来首辅传》《明野史汇》《弇州史料》等，内含大量的历史记载和评述①。纪事本末体在明晚期有了很大发展，代表作有高岱《鸿猷录》、傅逊《左传属事》、冯琦和陈邦瞻的《宋史纪事本末》、陈邦瞻的《元史纪事本末》。马骕（1621—1673 年）的《绎史》，将纪传体、纪事本末体、学案体、典制体，以及图表结合起来，创新了史书体裁，形成了综合体史书②。

明末清初社会动荡，"三大儒"黄宗羲、顾炎武、王夫之在史学发展上有重要贡献。黄宗羲（1610—1695 年，字太冲，号南雷，称梨洲先生）是浙东学派的开创者，著有《明夷待访录》《明史案》《明文案》《明儒学案》《宋元学案》，后两者分别是重要的宋元明学术史著作。王夫之（1619—1692 年，字而农，称船山先生）著有《读通鉴论》《宋论》，阐述了其"经世致用"、历史整体观、历史发展规律等史论观点。顾炎武（1613—1682 年，字宁人，称亭林先生）著有《日知录》《历代宅京记》《天下郡国利病书》《肇域志》，其著作不仅含有大量的明代经济、地理、行政建制等史料，且开清代学术考据之风③。

清代设置国史馆，官修史书数量众多。当朝史方面，重要的史书包括《清实录》《清会典》《清国史》《满汉名臣传》《满汉大臣列传》《清一统志》《定皇清职贡图》《皇舆西域图志》以及诸"方略"等。前朝史方面，《明史》历经四

---

① 中国史学史：243-246.
② 中国史学史：270.
③ 中国史学史：265.

朝编纂而成，乾隆四年（1739年）刊行，共计332卷，记录洪武元年（1368年）至崇祯十七年（1644年）之间事。全书由张廷玉等撰，黄宗羲学生万斯同参与纂修，考证严谨，事实详尽，体例得当，编纂成果最为突出①。清初谷应泰撰有《明史纪事本末》，采用了纪事本末体记录明代政治、军事、经济等情况。

　　明清史学研究和评论有了长足的发展。王世贞提出，历史包括了人类的一切活动，经是史的一种形式，并指出国史、野史、家史的不同价值和作用。胡应麟（1551—1602年）是王世贞的学生，著有《少室山房笔丛》，提出了文献散亡的"十厄"说以及文献辨伪理论。李贽（1527—1602年，字宏甫，号卓吾、百泉）著有《藏书》《焚书》等著作，提出历史是非评判的标准不是绝对的，而是相对的②。明代中期至晚期，史学考据之风日盛，出现了杨慎、焦竑等考据名家，以及王世贞《史乘考误》、钱谦益《太祖实录辨证》等著作③。清代考据学继续发展，乾隆嘉庆时期达到全盛阶段，称为乾嘉考据学或汉学、朴学，代表人物有惠栋（1697—1758年）、戴震（1724—1777年）和阮元（1764—1849年）。考据学推动了考史的发展，乾嘉时期的考史代表作有王鸣盛（1722—1798年）的《十七史商榷》、钱大昕（1728—1804年）的《廿二史考异》、赵翼（1727—1814年）的《廿二史札记》，以及崔述（1740—1816年）的《考信录》等④。在史学理论方面，章学诚（1738—1801年，字实斋）著有《文史通义》，其分为内篇、外篇两部分共计8卷，系统提出了史学的内涵、范围、种类、方法、哲理、目的等根本性问题，是古代史学理论的

---

① 中国史学史：266-267.
② 中国史学史：255.
③ 中国史学史：258.
④ 中国史学史：272-274.

集大成者①。章学诚撰有《方志立三书议》《修志十议》《州县请立志科议》，论述了方志的性质和编纂原则、方法，对方志学的发展有很大的促进作用。

1840 年鸦片战争以后，中国社会开始了近代化历程，史学也发生了明显的转变，更加关注社会现实。龚自珍（1792—1841 年）对公羊"三世说"进行了改造论述，提出了"治世—衰世—乱世"新三世说，以及史学对于民族存亡的意义。早期维新派冯桂芬、薛福成、王韬等提出历史变化演进的思想。康有为（1858—1927 年）撰有《新学伪经考》《孔子改制考》《春秋董氏学》《礼运注》《中庸注》《论语注》《大同书》等，对经学古文进行辨伪，宣传变法的合理性，阐述了新"三世说"——据乱世（君主专制）、升平世（君主立宪）、太平世（民主共和）——的历史演进观。

魏源（1794—1857 年）以林则徐主持编译的《四洲志》为基础撰有《海国图志》100 卷，徐继畲（1795—1873 年）撰有《瀛寰志略》，介绍了世界各国的历史地理情况。夏燮（1800—1875 年）的《中西纪事》、何秋涛（1824—1862 年）的《朔方备乘》，记载了鸦片战争时期中外关系史、中俄关系史事件。张穆著有《蒙古游牧记》。

第三节　史学著作体裁

根据编排方式，史学著作体裁主要包括编年体、纪传体、纪事本末体三类，根据记录对象的时间跨度，又可分为通史和断代史两类。根据地理范

---

① 朱谦之. 中国史学之阶段的发展[M]//王东,李孝迁. 中国古代史学评论. 上海:上海古籍出版社,2018:120-123.

围，又可分为国史和地方史。从内容上划分，又可分为不同的专门史，如政治史、社会史、文化史、经济史、制度史、建筑史、城市史等。

编年体史书是按照"年、月、日"时间顺序，依次记载史事的史书体裁。《春秋》、《资治通鉴》均属编年体，其优点是史事发生的时间先后顺序清晰，缺点是难以反映事件前后的因果关系（图1-3-1、图1-3-2）。

纪传体是以人物纪传为中心，记录史事的史书体裁。《史记》分本纪、表、书、世家、列传，本纪以帝王为中心，世家记载王公诸侯之事，列传记载其他重要人事，是我国首部纪传体史书（图1-3-3）。

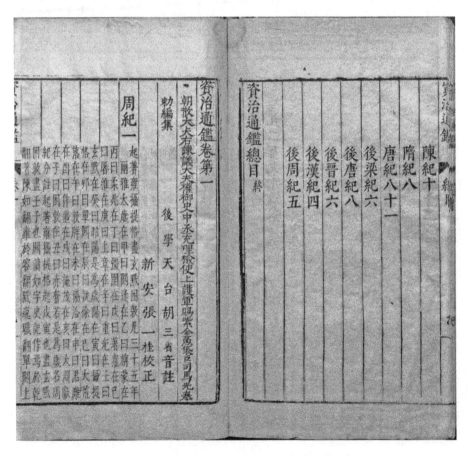

图1-3-1 《资治通鉴》（明万历张一桂校正本）书影

鄭人囚之而侵宋。

卯十有六年春王正月。夏宋人齊人衞人伐鄭。秋荊伐鄭。冬十有二月會齊侯宋公陳侯衞侯鄭伯許男滑伯滕子同盟于幽。邾子克卒。

十六年夏諸侯伐鄭宋故也。于楚秋楚伐鄭及櫟為不禮故也。鄭伯自櫟入緩告于楚。鄭伯治與于雍糾之亂者九月殺公子闕刖強鉏公父定叔出奔衞三年而復之曰不可使共叔無後於鄭使以十月入曰良月也就盈數焉君子謂強鉏不能衞。

楚子問之對曰吾一婦人而事二夫縱弗能死其又奚言楚子以蔡侯滅息遂伐蔡秋七月楚入蔡君子曰商書所謂惡之易也如火之燎于原不可鄉邇其猶可撲滅者其如蔡哀侯乎。冬會于鄧始懼楚也。

十五年春復會焉齊始霸也。秋諸侯為宋伐郳。

壬寅十有五年春齊侯宋公陳侯衞侯鄭伯會于鄧。夏夫人姜氏如齊。秋宋人齊人邾人伐郳。鄭人侵宋。冬十月。

图 1-3-2　《春秋左传》(清雍正十三年果亲王府刊本)书影

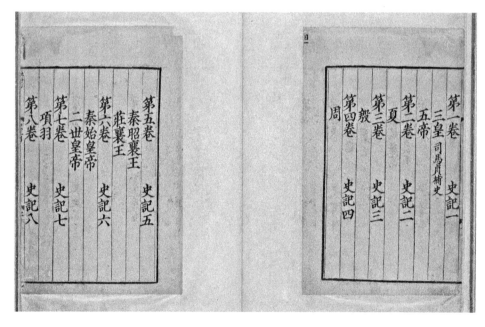

第八卷　項羽　　史記八
第七卷　二世皇帝　史記七
第六卷　秦始皇帝　史記六
第五卷　莊襄王　史記五
　　　　秦昭襄王

第一卷　三皇　司馬貞補史　史記一
第二卷　五帝　　史記二
第三卷　夏　　　史記三
　　　　殷
第四卷　周　　　史記四

图 1-3-3　《史记》(南宋刊本)书影

　　纪事本末体是以事件为中心的史书体裁。该体裁弥补了编年体记事繁琐分散和纪传体事件容易重复矛盾的缺点，事件前后因果关系明了。南宋袁枢的《通鉴纪事本末》是首部纪事本末体史书(图1-3-4)。

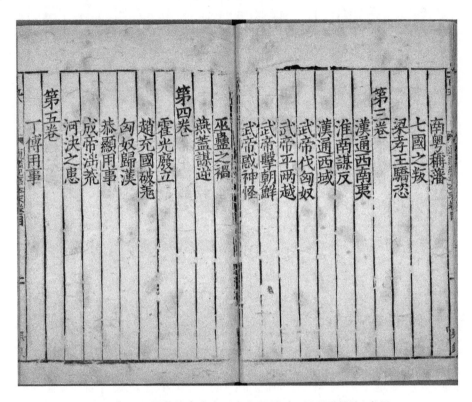

图1-3-4　《通鉴纪事本末》(南宋湖州刊. 元明递修本)书影

　　通史即贯通的历史，着眼于连续地记录较长阶段之事，如早期文明至现代时期，在叙述中应体现发展变化的脉络关系，呈现整体性的认识。《史记》记载了黄帝至汉武帝时期共计两千余年史事，是我国最早的通史著作。

　　断代史是记录某一朝代或者某一时间阶段之事的史书。相比较于通史，其时间跨度较小，可以专注于具体时间阶段的记录，在叙述中往往要体现时代之特征。东汉班固编纂的《汉书》，专注于西汉230年史事，首开断代史先河(图1-3-5)。"二十四史"中除了《史记》以外，均为断代史著作。

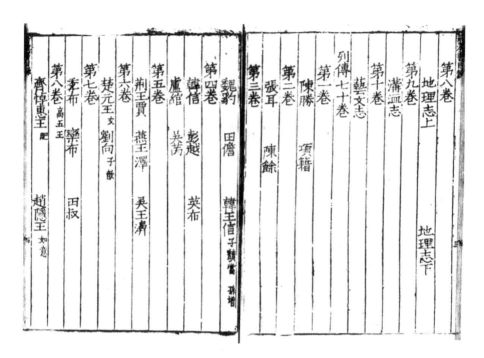

图 1-3-5 《汉书》(明嘉靖刻本)书影

根据地理范围，史学著作又可分为国史和地方史。国史的地理范围超越了地理行政界线，涵盖全部国土范围。《史记》、《汉书》、《后汉书》、《隋书》、《唐书》、《元史》、《明史》均属于国史。地方史是关于某一地区的史事沿革之记录。如中国大量的地方志，均属于地方史的范畴。

根据所记载内容，史学著作又可以分为政治史、生活史、区划史、军事史等专门史。园林史，以及跟园林关系甚大的建筑史均属于专门史的范畴。按照时间跨度和地理范围，又可以再分为以下几类。

通史类园林史著作：着眼于在较长时间跨度提炼园林发展脉络，研究园林营造大趋势演变和影响因素。周维权先生所著《中国古典园林史》，论述园林发展历程，上迄商周秦汉，下至清末。汪菊渊先生所著《中国古代园林史》（上、下册），上册时间跨度从先秦至清朝，亦属于通史类园林史著作。梁思成先生的《中国建筑史》，时间跨度上至上古时期，下至清末及民国以后，以及刘敦桢先生的《中国古代建筑史》，均属于通史类建筑史著作。

断代史类园林史著作：研究某一阶段、某一朝代的园林发展情况和时代背景及影响因素，提炼此阶段园林营造特征。如朱钧珍的《中国近代园林史》（上、下篇），李浩著《唐代园林别业考录》，傅晶、王其亨所著《魏晋南北朝园林史探析》、张淑娴著《明清文人园林艺术》、鲍沁星的《南宋园林史》等均属于这一类型。

地方史类园林史著作：研究某一地区的园林发展演变，或者某一地区某一阶段的园林营造情况，以及相关影响因素和风格特征。如童寯先生著作《江南园林志》、杨鸿勋的《江南园林论》、刘敦桢先生的《苏州古典园林》、董益著作《北京园林史》、许少飞的《扬州园林史话》等。

第四节　文献史料流传

文献史料是是古代史料的主要组成部分，也是风景园林史论研究的基本材料。随着社会经济文化的发展，我国古代文献史料经历了由少而多、由简而繁的发展过程，形成繁复宏大的文献体系。但因为种种原因，文献史料在增加的同时，也在不断流失。

封建时代重视文辞、"重德轻艺"，语言朴实重视说理的书和涉及技艺的文献易于流失。早期书籍全靠手写，几经重修、编述、简化、流传，原书易于散亡。再者，因著者获罪，以及收藏家秘不示人等原因，也导致文献湮没、难于流传。隋秘书监牛弘指出，秦始皇下令焚书、西汉末年赤眉军入关、东汉末年董卓移都、西晋末年"刘石乱华"、南朝元帝自焚藏书，造成书籍文献大规模散亡。明代胡应麟补充，隋炀帝江都被杀、安史之乱、黄巢入长安、北宋汴京失陷、南宋末伯颜攻入临安，图书典籍又经历了五次大的毁灭。另外，封建统治集团为了维护统治需要，销毁、废弃了大量的图书，对历代文献积存也造成了巨大的损失。

文献的形成，主要有著作、编述和抄纂三种形式。"著"即"作"也，著作是从经验教训提炼出理性的结论，是最具有创造性的工作。编述则是基于已有的文献，以不同的体例，重新加以整理、取舍，以满足新的需要。抄纂将原始文献材料，通过排比、撮录，将其分门别类，以新的体式出现。我国古代文献以编述类作品最多，故编述可以看作古代文献传承的主要方式。①

---

① 张舜徽. 中国文献学［M］. 上海：上海古籍出版社出版，2005.

第二章 古代园林史料

第一节 方志类史料

方志属于历史地理类典籍。按照记载内容和范围,方志可以分为通志和专志。通志涉及内容广泛,包括某一地的疆域、范围、沿革、行政区划、山川、名胜、人物、物产、矿产、风俗、民族等内容。专志是专门记载某一内容的志书,包括人物志、艺文志、山志、水志、寺观志、名胜志、第宅志、冢墓志等。关于园林名胜位置、沿革、景观风貌的记录不仅存在于通志之中,更多存在于专志中的山水志、寺观志、名胜志中。较有代表性的山水志有《京口三山志》《栖霞山志》《黄山志》《西湖志》等,名胜志有《西湖游览志》等,寺观志有《金陵梵刹志》《洛阳伽蓝记》等。

方志在我国有其产生、发展的背景,随着社会情势与环境的变化,方志的名称、性质、地位与内容均有所不同,历史上有图经、图志、图记、地记、记、志、传、录、乘等名称。《周礼》中记载职方氏"掌天下之图",外史掌"四方之志",可见图和志是记载地理和历史情况的最早载体。秦汉时期出现的地记和图经是方志的雏形。东汉班固作《汉书·地理志》，开正史中设置《地理志》的先例，对后来地理总志的发展亦有深远的影响。魏晋南北朝时期，由于整理各地物产、户籍，以及拓展疆域、民族迁徙等需要，地记大量增加，出现了地记丛书，图经也有所发展，这一时期留存的《畿服经》《华阳国志》《十三州志》已经非常接近后期的方志。现存《华阳国志》12卷是东晋时期成汉常璩（字道将）所撰，记录了我国西南地区梁州、益州、宁州三州的山川、交通、物产、民俗、文化、人物、交流情况，不仅是地方史上的杰作，也保留了当地丰富的地理、历史和文化、经济方面的资料。北魏郦道元（字善长）为《水经》作注写成《水经注》一书，记录水道1252条，涉及水源、流向、沿途山岳、关塞、遗迹等，是一部重要的河流地理书[①]。

隋唐时期，政府开始颁发命令统一定期纂修图经，官修图经、图志大量增加。图文结合，以图经为主体的总志和地方志获得快速发展。北宋时期，政府设置了专门的部门定期纂修图经，导致图经大盛，并开始了图经向方志的转型。南宋时期私撰总志现象较为普遍，州、郡、县志书也较多，方志体例、内容、形式日趋完善且基本定型。

元代以全国之力创修《大元大一统志》，制定统一凡例。明代高度重视修志工作，除了修纂全国总志以外，还修纂了大量的通志、府州县与乡镇志，以及专志。方志在这一时期成为独立的门类，大量使用平例体、纲目体、纪传体三种体例，更加规范化。明代修撰了两部地理志巨著《寰宇通志》和《大明一统志》。《寰宇通志》成书于景泰七年（1456年），总计119卷，分38门，偏重名胜景物记录。《大明一统志》总计90卷，体例模仿《大元大一统志》，分建制、沿革、郡名、形胜、风俗、山川等19门，系统保存了明代地理资料[②]。

---

① 中国史学史：115-117.
② 中国史学史：249.

清前期官府修志制度的完善进一步推动了方志的发展，这一时期的方志不仅数量众多，而且精品较多。从地记、图经到方志，历代方志史料不断积累，记载了大量的园林名胜历史信息，因此方志类史料构成了我国古代园林文献史料的主体(图 2-1-1～图 2-1-3)。

可眠山猿許分共倪瓚天平爛熳遊三日林下狂吟石上眠浩蕩春風芳草綠梅花雪滿白雲泉楊基細
雨茸茸濕楝花南風樹樹熟枇杷徐行不記山深淺一路鶯啼送到家徐有貞雨後遊天平諸峯滿庭芳
水長新波山橫爽氣朝來宿雨初晴動人清興紫翠眼中明天也教吾快活要遊處便與完成最好是一
峯送過又見一峯迎有舟中絃管車前鼓吹隨欲隨行路傍人覷了還笑還驚道是神仙神仙來也不道
是個老儒生知誰解浮沈綠野裴度晚年情其東為翁家山為雞籠山連
屬金山高啟雨中過雞籠山春雲晻靄澗奔渾風雨行人過一村得似山家深竹裏乳鳩啼午未
閒門願阿瑛寄琦元璞雞籠山下野人家破曉寫詩邀品茶秋風過樹落紅葉夜雨滿溪流白沙
金山亦天平之支壠也初名茶塢山晉宋間鑿石得金
欽定四庫全書　姑蘇志
易今名頂上盤石有坎濶三尺許長二丈餘深不可
測水瑩綠大旱不涸人稱為天山腰有石橫偃於兩
崖人行其下其趾有育王塔方石池文殊菴在焉東
南為牛眠崦逶迤五六里直抵大河國朝杜庠詩闔閭城外翠微間
揚子江心白浪灣踏破芒鞋蹤跡徧始知人世兩金山
秦臺山在天平之右與笏林相隣巔峯大石刻秦臺二
大字相傳始皇遊會稽嘗登此故名一名晨臺又名
神臺其南則羊腸嶺嶺右為白羊山嶺之南為赤山

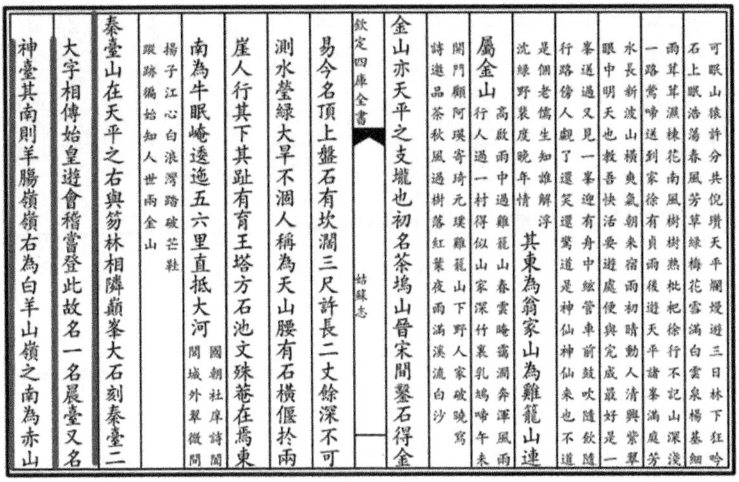

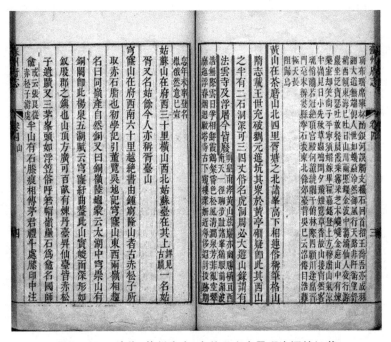

图 2-1-1　明代《姑苏志》中关于山水景观资源的记载

頂布瑤席乘杯酌銀河誤觸支機石回首招王喬吾亦成羽翮大道無端倪人世如蟻蝨泠然御風行天路非阡衢望舒
稍西傾東海已吐日山川兩照耀金波中蕩滴仙人夜行遊巖坐泛寶瑟吐故餐晨霞乘霧采芝朮蠓蠓金庭山中有煉
藥室却笑尚子平寧須婚嫁畢程嘉燧登上方穆爾山氣涼半嶺見日小先秋草蟲鳴問夕飛雉鷺草香故山接宵然客
飛悄蘭若冠絕頂宮殿何繚繞闌干俯林際四顧川塗門亳末辨婁縣摯石表東北餘郊臺昔吳巳云沼倦目浩難
極天長阻歸鳥
黃山在茶磨山北四里胥塘之北諸峯高下相連俗稱筆格山
隋志載王世充破劉元進坑其衆於黃亭𡺸疑即此其西山
之半有二石洞深可三四丈俗名虎洞周必大遊山錄謂有
法雲寺及浮屠今皆廢明皇甫涍黃山巖亦幽勝橫亘西南天一徑聊步趾諸峯猶眼前湖波
浩無際雲日爭相鮮霞鶴粲霄色松風清澗泉芳菲亂空翠靡迤浮春烟迴殿塔寺古下窺樓堞妍近尋侈遐討投跡期
忘年未事登名嶽俄然意已宣
姑蘇山在府西三十里橫山西北姑蘇臺在其上詳見古蹟一名姑
胥又名姑餘今人亦稱胥臺山
穹窿山在府西南六十里越絕書由鍾窮隆山者古赤松子所
取赤石脂也初學記引董覽吳地記穹窿山東西兩嶺相趨
名曰同嶺產自然銅又曰銅嶺陸龜蒙云太湖中穹崇山有
銅闕即此楊泉五湖賦云穹窿紆曲蓋此山實峻而深形如
敘殷郡之鎮也山頂方廣可百畝有煉丹臺昇仙臺皆赤松
子遺蹟又三茅峯頭如浮笠俗呼箬帽嶺壘石爲龕名國師
龕或云張良從赤松子游處半山有石膝痕相傳茅君禮斗處膝印中注

图 2-1-2　清代《苏州府志》中关于山水景观资源的记载

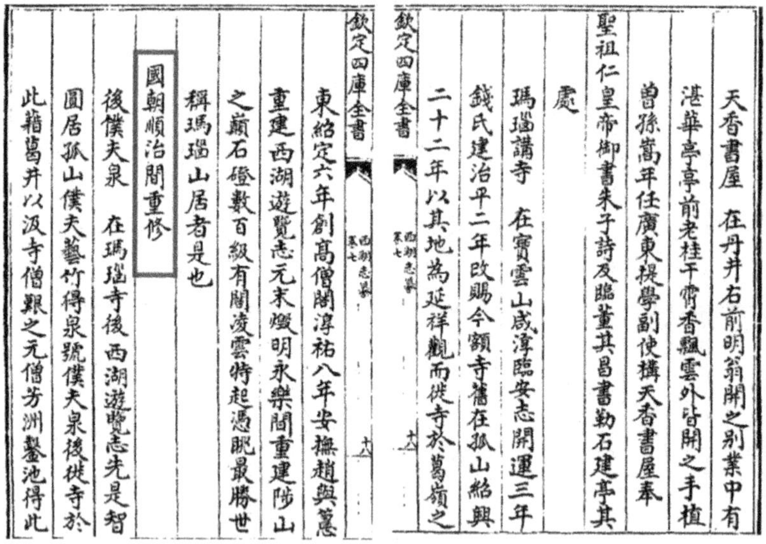
欽定四庫全書　西湖志纂　卷七

天香書屋　在丹井右前明翁開之別業中有
湛華亭亭前老桂干霄香飄雲外皆開之手植
曾孫嵩年任廣東提學副使構天香書屋奉
聖祖仁皇帝御書朱子詩及臨董其昌書勒石建亭其
處
瑪瑙講寺　在寶雲山咸淳臨安志開運三年
錢氏建治平二年改賜今額寺舊在孤山紹興
二十二年以其地為延祥觀而徙寺於葛嶺之

欽定四庫全書　西湖志纂　卷七

東紹定六年創高僧關淳祐八年安撫趙與𥲅
重建西湖遊覽志元末燬明永樂間重建陟山
之巔石磴數百級有閣凌雲特起憑眺最勝世
稱瑪瑙山居者是也
國朝順治間重修
僕夫泉　在瑪瑙寺後西湖遊覽志先是智
圓居孤山僕夫藝竹得泉號僕夫泉後徙寺於
此藉葛井以汲寺僧艱之元僧芳洲鑿池得此

图 2-1-3　清代《西湖志纂》中关于寺观风景资源的记载

为充分说明方志等地理典籍作为园林文献的作用，本节摘选五篇文献，分别为《魏晋南北朝地记的内容》《方志的性质》《京口三山》《〈扬州画舫录〉中的影园》《〈宸垣识略〉中的圆明园》。

魏晋南北朝时期，地记大量产生。这些地记记载了各地山水形胜、地理风貌，是我国风景园林存在与发展的早期记载。认识这些地记，有助于理解古人对于山水风景的认识。地记属于方志的前期形态，为了更好地了解地记以及其他方志类型，有必要了解方志的性质及其变化。《魏晋南北朝地记的内容》和《方志的性质》为读者提供了这方面的知识。

山水志属于方志中的专志，是风景名胜历史文化研究中重要的文献类型。较之于其他类型的方志，山水志关于山水名胜的地理位置、建制沿革、神话传说等方面的记载更为详细。以镇江名胜“京口三山”为例，唐朝以前的地方志中记载京口三山的条目仅有部分留存，如南朝宋刘桢的《京口记》以及南朝宋山谦之的《南徐州记》均已亡佚，但后世的正史方志都有征引，记载了北固山景观的概况。隋唐时期地方志著述不盛，唐代孙处玄编撰的《润州图经》也早已散亡，其中关于焦山的条目被后世地方志所摘录，《元和郡县图志》中有条目记录北固山。宋元时期地方志的编修逐渐增多。北宋大中祥符年间李宗谔的《祥符图经》、太平兴国年间乐史的《太平寰宇记》、南宋嘉定及宝庆年间王象之的《舆地纪胜》以及嘉熙年间祝穆的《方舆胜览》作为古代中国重要的地理志书，均有条目提及金、焦、北固三山。《嘉定镇江志》《至顺镇江志》等镇江府志中专有子目记载京口三山的形胜、山水与佛寺建置等情况。明清时期京口三山地方志类型丰富，达到全盛。明正德年间李震卿的《丹徒县志》、明万历年间王应麟的《重修镇江府志》、清乾隆年间朱霖的《镇江府志》、清嘉庆年间蒋宗海的《丹徒县志》以及道光年间杨棨的《京口山水志》等镇江府志和县志中关于山水及建置的条目中均有记载京口三山。此外还出现了京口三山合志及各山山水专志。明正德年间张莱等人编撰的《京口三山志》是历史上可追溯的最早提到"京口三山"这一概念的志书史料，其后明隆庆年间徐邦佐等人的《京口三山续志》、万历年间许国诚的《京口三山全志》、明末谈允谦的《三山志》、清同治及光绪年间周伯义、陈任旸以及吴云等人的《京口三山合志》中继续沿用这一称呼指代金、焦、北固三山。而关于各山的山水专志有明正德年间胡经的《金山志》，明末张春的《焦山志》，清康熙年间释行海《金山龙游禅寺志略》、乾隆年间卢见曾的《金山志》和《焦山志》、刘名芳的《焦山志》，道光年间王豫的《焦山志》、曾燠的《续金山志》、释了璞的《北固山志》、释觉诠的《焦山志》、顾沅的《重修焦山志》以及光

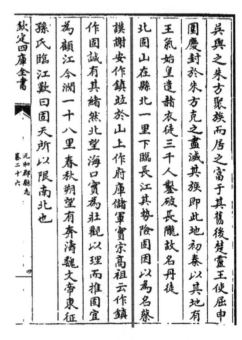

图 2-1-4 《元和郡县志》影印版书影

绪年间释秋崖的《续金山志》等。《京口三山》一文呈现了明代山水专志中关于
"京口三山"的记载情况（图 2-1-4、图 2-1-5）。

图 2-1-5　明正德《京口三山志》中的"三山图"

除了方志以外，我国古代还产生了大量的历史地理类著作，其中不乏记
录当地代表性园林景物的内容。如记载扬州地理、历史和社会生活的《扬州
画舫录》，记载北京历史地理情况的《宸垣识略》。本节摘录了这两部典籍中
关于扬州影园林和北京圆明园的内容，合成《〈扬州画舫录〉中的影园》和《〈宸
垣识略〉中的圆明园》两文。

文献选编

《京口三山》

京口，为镇江的古称之一，"京口三山"即今位于江苏省镇江市的三座
名山——金山、焦山、北固山。金、焦二山屹立于大江之中，如洪河砥柱，
如苍龙双阙，而北固山濒临长江，携江南诸山拦江而止，金山绮丽、焦山雄
秀、北固山险固，"寺裹山""山裹寺""寺冠山"各具特色的景观格局，使

京口三山成为镇江最具代表性的实景山水景观。

　　本文摘录自明正德七年（1512 年）张莱等人编撰的《京口三山志》卷一的相关内容，文中不仅记录了北固山、金山、焦山、甘露寺、金山寺、焦山寺的地理方位、历史掌故和名称来源，还详细描述了周边环境和风景特征。《京口三山志》全书共十卷，卷一为总叙，记载诸寺、堂宇、田土、祠庙，卷二记载相关名贤及住释，卷三至卷六为历代文人所吟诗词，卷七至卷八为相关集文，卷九为诗话、碑刻，卷十为杂记及纪异。

　　北固山，在郡城北一里，下临江扬子一名京江，寰宇记谓之京口水郡南二十余里，有长山，发自天目屏风，三茅至铜坑东卸，而来势甚高延褒数里，东行为马鞍廻龙诸山。又迤而北至于釜鼎示岘，京岘之中抽而北结为郡治，郡治之北特起为。此山为三面临水，廻岭斗绝，势最险固，谓之北固。

　　············

　　金山，在郡城西北七里大江中，长山西北起为五州山，至于下鼻（浦名）遂入江，突而为此山。始名浮玉。道经言，自京诸峰若浮而至者，周必大谓，此山大江环绕，风涛四起，势欲飞动，故名。一名亘父山，又名获符山，晋破符坚置其俘山下。因名又名伏牛山，唐志贡伏牛山铜器。亦名头陀岩，又名金山。

　　············

　　焦山，在郡城东北九里，大江中与金山并峙，相去十五里，其本自京岘东北至于东马鞍雺石公入江而止，而为此山。后汉焦光隐此故名，或名谯山，故寰宇记通典皆有谯山戌宋之问诗，戌入海中山，即此江淹诗本，亦作谯，亦名浮玉。

············

甘露寺在北固山。三国时吴王皓所建时改。元甘露因以为名，张氏行后记谓甘露寺在金陵山上，盖唐人指京口为金陵寺。旧在山下，唐李德裕观察浙西时施州宅后地增拓其基宇（或云此时甘露以各寺非也），乾符中毁。镇海节度使裴琚重建，宋祥符间僧祖宣后移于山上，建炎毁于兵，嘉定壬戌僧祖灯复建。元至元己丑毁，大德己亥僧智本重建。国朝（即是明朝）宣德癸丑僧理玹、理重修创，景泰间僧惠琏行诠，成化、弘治间僧凭渊、妙福、体瑢相继修建，而规模焕然矣。

············

金山寺在山之西麓，旧名泽心。东晋建。唐裴头陀重开山，梁天监中水陆仪尝即寺修设，孙觌亦曰故刹踵梁陈之旧，而祥符图经谓，始于唐，盖因头陀开山而误也。王彦章又云先唐之代谓之龙游观已，而为浮图所有者几二百年。宋咸平中寺僧幼聪献山图。祥符五年真宗梦游其处改名龙游禅寺，重赐修建。

············

焦山寺在焦山上，旧名普济寺，创自东汉兴平年间，至唐僧法宝重建。宋名普济庵。元祐初僧了元居之，寻复名普济寺。景定癸亥寺毁。主僧德慎复建。元易今额。国朝（明）因之宣德间寺僧觉初心重建堂宇寥寀，咸极壮丽，正统、景泰间僧弘衍拓旧规增创，而梵宇之盛遂与金山抗矣。

《扬州画舫录》中的影园

方志类典籍中，记载了清代扬州当地园林名胜状况的《扬州画舫录》较为特殊。该书属于方志类杂记，涵盖了扬州多个层面的内容。作者李斗

（1749—1817 年），字北有，号艾塘，仪征人，博通文史，兼通戏曲、诗歌、音律、数学。李斗生活于扬州，将自己的"目之所及，耳之所闻"记载下来，历时 30 年［从乾隆二十九年甲申（1764 年）到乾隆六十年乙卯（1795 年）］写成该书。书中记载了扬州城市区划、运河沿革、乾隆南巡路线、园林、工艺、文物、文学、戏曲、曲艺、风俗和人物等方面（图 2-1-6～图 2-1-9）。全书共十八卷。第一至十六卷均以地名命名，第十七、十八卷为工段营造之制及画舫舫扁，各卷内容如下：

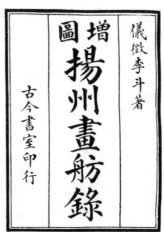

图 2-1-6 《扬州画舫录》书影一

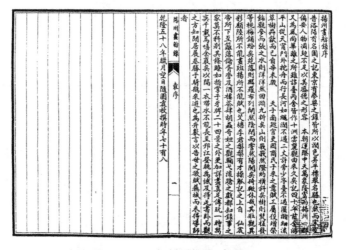

图 2-1-7 《扬州画舫录》书影二

图 2-1-8 《扬州画舫录》中的插图一

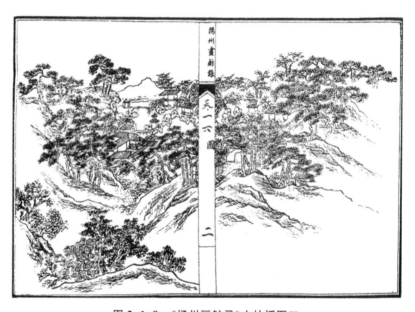

图 2-1-9 《扬州画舫录》中的插图二

卷一·草河录上：此卷描写了乾隆南巡经过扬州时的水程路线、御道路线、沿路风景名胜、寺庙、古代器物、扬州地区名人和邗沟名称变化等。

卷二·草河录下：风景名胜、神话传说、扬州书画家。

卷三·新城北录上：新城、狐鬼故事、书院及其贤能之士，祠、寺和与之相关的真实故事。

卷四·新城北录中：扬州市井和美食、寺庙和行宫、盐商富豪的贡献及"韩江雅集"参与者。

卷五·新城北录下：扬州戏曲、名角、唱戏行头。

卷六·城北录：扬州市井、扬州风习、风景名胜、爱国英雄。

卷七·城南录：扬州水系、寺庙及行宫、私家园林、狐鬼故事。

卷八·城西录：私家园林、郑氏兄弟、寺庙。

卷九·小秦淮录：扬州不同时期的城池，扬州乾隆时期街道、店铺及各行各业的从业者、奇闻逸事、小秦淮旧说。

卷十·虹桥录上：虹桥修禊及王士祯、卢见曾、孔尚任等组织参与虹桥修禊的诸人，风景名胜。

卷十一·虹桥录下：扬州水上活动、扬州曲艺活动。

卷十二·桥东录：风景名胜、私家园林、扬州名人。

卷十三·桥西录：私家园林、风景名胜、扬州文人、祠及爱国英雄。

卷十四·冈东录：风景名胜、私家园林、扬州名人。

卷十五·冈西录：风景名胜、私家园林、扬州文人。

卷十六·蜀岗录：风景名胜及扬州文人、祠及寺、扬州市肆。

卷十七·工段营造录

卷十八·舫扁录

李斗在《扬州画舫录》里记载了诸多扬州园林名胜，本文摘录了其卷八·城西录中记录影园的内容。影园位于扬州城西湖中长屿上，前后均临水，隔湖面可北望蜀岗，南边为谷渡禅林，旁有郑氏家祠与宝蕊楼。园主郑元勋为徽商世家，擅长书画，对计成推崇备至，影园即为聘请计成设计与指导施工，体现了计成的造园思想。又因位置绝佳，明代书画大家董其昌因此园具有山影、水影和柳影，而称之为影园。文中首先叙述了影园的位置、名称来历、园主的情况，继而详细描述了影园内部的建筑、池、桥、石、铺装和植被，以及各部分之间的空间关系。通过作者的描述，我们得以知晓影园的营造过程、空间格局，以及内部景物的特征。

············

影园在湖中长屿上，古渡禅林之北。旁为郑氏忠义两先生祠，祠祀郑超宗、赞可二公。园为超宗所建。园之以影名者，董其昌以园之柳影、水影、山影而名之也。公童时，其母梦至一处，见造园，问谁氏，曰："而仲子也。"比长，工画。崇祯壬申，其昌过扬州，与公论六法，值公卜筑城南废园，其昌为书"影园"额。营造逾十数年而成。其母至园中，恍然乃二十年前梦中所见也。园在湖中长屿上，古渡禅林之右，宝蕊栖之左，前后夹水，隔水蜀岗蜿蜒起伏，尽作山势，柳荷千顷，蒹苇生之。园户东向，隔水南城脚岸皆植桃柳，人呼为"小桃源"。入门山径数折，松杉密布，间以梅杏梨栗。山穷，左荼蘼架，架外丛苇，渔罟所聚；右小涧，隔涧疏竹短篱，篱取古木为之。围墙甃乱石，石取色斑似虎皮者，人呼为"虎皮墙"。小门二，取古木根如虬蟠者为之，入古木门，高梧夹径；再入门，门上嵌其昌题"影园"石额。转入穿径，多柳，柳尽过小石桥，折入玉勾草堂，堂额郑元岳所书。堂之四面皆池，池中有荷，池外堤上多高柳；柳外长河，河对岸，又多高柳；柳间为阎园、冯园、员园。河南通津。临流为半浮阁，阁下系园舟，名曰"泳庵"。堂下有蜀府海棠二株，池中多石磴，人呼为"小千人坐"。水际多木芙蓉，池边有梅、玉兰、垂丝海棠、绯白桃，石隙间种兰、蕙及虞美人、良姜、洛阳诸花草。由曲板桥穿柳中得门，门上嵌石刻"淡烟疏雨"四字，亦元岳所书。入门曲廊，左右二道入室，室三楹，庭三楹，即公读书处。窗外大石数块，芭蕉三四本，莎罗树一株，以鹅卵石布地，石隙皆海棠。室左上阁与室称，登之可望江南山。时流寇至邻邑，醯使邓公谓阁高惧为贼据，因毁去改为小阁。庭前多奇石，室隅作两岩，岩上植桂，岩下牡丹、垂丝海棠、玉兰、黄白大红宝珠山茶、磬口腊梅、千叶榴、青白紫薇、香橼，备四时之色。石侧启扉，一亭临水，有姜开先题"菰芦中"三字，山阴倪鸿宝题"潄翠亭"三字，悬于此。亭外为桥，桥有亭，名"湄荣"，接亭屋为阁，曰"荣窗"。阁后径二，一入六方窦，室三楹，庭三楹，曰"一字斋"，即徐硕庵教学处。阶下古松一，海榴一。台作半剑环，上下种牡丹、芍药，隔垣见石壁二松，亭亭天半。对六方窦为一大窦，窦外曲廊有小窦，可见丹桂。即出园别径，半阁在湄荣后径之左，陈眉公题"媚幽阁"三字。阁三面临水，一面石壁，壁上多剔牙松，壁下石涧，以引池水入畦，涧旁皆大石怒立如斗，石隙俱五色梅，绕三面至水而穷，一石孤立水中，梅亦就之。阁后窗对草堂，园至是乃竟。

·············

《宸垣识略》中的圆明园

《日下旧闻》《日下旧闻考》和《宸垣识略》都是记载都城北京的清代地理典籍。"日下"即京都，指的是北京。康熙年间朱彝尊撰《日下旧闻》42卷，记载北京旧闻史迹，上至远古，下至明末，内容分星土、世纪、形胜、宫室、城市、郊坰、京畿、侨治、边障、户版、风俗、物产、杂缀十三门，以石鼓考列后。乾隆年间于敏中、英廉等人奉敕命在《日下旧闻》的基础上编纂《钦定日下旧闻考》（简称《日下旧闻考》），基本沿用原来的体例，内容大幅扩编至160卷，共分为18门：星土、世纪、形胜、国朝宫室、宫室、京城总记、皇城、城市、官署、国朝苑囿、郊坰、京畿（京畿附编）、户版、风俗、物产、边障、存疑及杂缀，具有很高的历史地理价值。

吴长元在《日下旧闻》和《日下旧闻考》的基础上，通过进一步考证，去芜存菁，编纂而成《宸垣识略》。全书卷次分为：卷一，天文、形胜、水利、建置；卷二，大内；卷三、卷四，皇城；卷五至卷八，内城；卷九、卷十，外城；卷十一，苑囿；卷十二至卷十五，郊坰；卷十六，识余。吴长元根据实地考察和文献、碑刻相互印证，对《日下旧闻》和《日下旧闻考》原书底本内容加以纠正和质疑。对二书中疏略的地方加以增补，对二书中错误的地方进行纠正。

本文选自《宸垣识略》卷十一·苑囿中描写圆明园的章节，主要记录了圆明园四十景和长春园的景物方位、景观特色。圆明园和长春园不仅是清朝皇帝休闲、游览的场所，而且是处理政务、接见臣僚、会见外国使节、进行宗教祭祀仪式的场所。圆明园始建于康熙四十六年（1707年），最早是作为康熙皇帝赐给其第四个儿子胤禛的赐园。胤禛（雍正皇帝）即位后，对圆明园开始了大规模扩建，新增了正大光明殿、勤政殿等宫殿衙署建筑，开始在圆明园园居理政。乾隆即位后，继续扩建圆明园的景观，至乾隆九年（1744年），基本完成了圆明园四十景的建设。由于吴长元对《日下旧闻》和《日下旧闻考》内容进行了考证、补疑，故文中为《日下旧闻》中的文字，标录"原按"；为补遗的文字，标"补按"；为《日下旧闻考》中的文字，标"考按"；为作者自己见解的，标"长元按"。

············

圆明园在挂甲屯之北，距畅春园里许，为世宗藩邸赐园。园名圣祖御书，世宗有圆明园记，今上制圆明园后记，俱勒石。园内为门十八：南曰大宫门，曰左右门，曰东西夹道门，曰东西如意门，曰福园门，曰西南门，曰水闸门，曰藻园门；东曰东楼门，曰铁门，曰明春门，曰随墙门，曰蕊珠宫门；西曰随墙门；西北曰北楼门。为闸三：西南为一空进水闸，东北为五空出水闸，为一空出水闸。

大宫门前辇道东西皆有湖，是为前湖。二宫门为出入贤良门，内为正大光明殿，后为寿山殿，东为洞明堂。正大光明殿东为勤政亲贤殿，东为飞云轩、静鉴阁，其北为怀清芬，又北为秀木佳荫，后为生秋庭。静鉴阁东为碧芳丛，为保合太和正殿，后为富春楼，楼东为竹林清响。殿后有湖，亦称前湖。正北为圆明园殿，后为奉三无私殿，又后为九州清晏殿，东为天地一家春，西为乐安和。又西后为清晖阁，阁前为露香斋，左为茹古堂，为松云楼，右为涵德书屋。

············

镂月开云在富春楼之后，即纪恩堂，北为御兰芬。镂月开云后有池一区。池西北为天然图画楼，北为朗吟阁，又北为竹蕅楼，东为五福堂，迤北为竹深荷静，东南为静知春事佳，又东渡河为苏堤春晓。由五福堂渡河而北，山阜旋绕，内为碧桐书院，殿宇三重。西岩上为云岑亭。书院之西为慈云普护，前殿南临后湖。其北楼宇，上祀观音，下祀关帝。东为圆明园昭福龙王殿，西临湖有楼为上下天光，后为平安院。西折而南，度桥为杏花春馆，西北为春雨轩，西为杏花村，南为涧壑余清。春雨轩后，东为镜水斋，西为抑斋，又西为翠微堂。杏花春馆之西，度碧澜桥为坦坦荡荡。前为素心堂，后为光风霁月堂。东北为知鱼亭，又东北为萃景斋，西北为双鹤斋，其南为茹古涵今，南向。后方殿为韶景轩，前为茂育斋，西为竹香斋，又北为静通斋。茹古涵今之南为长春仙馆，门殿三重。后为绿荫轩，西廊后为丽景轩。长春仙馆之西为含碧堂，后为林虚桂静，左为古香斋，东有阁为抑斋。林虚桂静东稍南为墨池云，为随安室。长春仙馆迤西为藻园，内为旷然堂，为贮清书屋。旷然堂东，池上为夕佳书屋，北为镜澜榭，东南为凝眺楼、怀新馆，西北为湛碧轩，西南为湛清华。

万方安和在杏花春馆西北，建宇池中，形如卐字。度桥稍北，石洞之南，为武陵春色。池北轩为壶中日月长，东为天然佳妙，其南厦为洞天日月多佳景。武陵春色之西为全碧堂，东南为小隐栖迟。堂后由山口入，东为清秀亭，西为清会亭，北为桃花坞。坞西为清水濯缨室，又西稍北为桃源深处。坞东为缩春轩，轩东北为品诗堂。

山高水长楼在万方安和西南，西向，后拥连冈，前带河流，中央地势平衍，凡数顷。北度桥，梵刹一区，为月地云居，前殿方式，四面。后有楼，东为法源楼，又东为静室。西度桥折而北，为刘猛将军庙。循山径入，为鸿慈永祜，即安祜宫，前琉璃坊，左、右华表。南为月河桥，又东南为致孚殿。安祜门前有白玉桥，内为安祜宫，敬奉圣祖、世宗神御。西北为紫碧山房，前宇为横云堂。山房东岩洞中为石帆室，东南为丰乐轩，北为霁华楼，迤东为景晖楼。横云堂西，池上为澄素楼，为引溪亭。鸿慈永祜东垣外径，连冈三重。度桥而东，则汇芳书院。内为抒藻轩、涵远斋。斋前西垣内为翠照楼，东垣内为倬云楼，又东为眉月轩。倬云楼南为随安室，又东敞宇为问津。逾溪桥有石坊，为断桥残雪。

日天琳宇在汇芳书院之南，西前楼下之正宇也。其制有中前楼、中后楼、西前楼、西后楼，各有穿堂。中前楼南有天桥，与楼相属，天桥东为灯亭。西前楼南为东转角楼、西转角楼。中前楼之东垣内八方亭，为楞严坛。又东为别院为瑞应宫，前为仁应殿，中为感和殿，后为晏安殿。东南稻田弥望，河水周环。中有田字式殿，凡四门。东北面皆有楼：北楼为澹泊宁静，东为曙光楼，殿东山门外为扶翠楼。西门外别垣内为多稼轩，其东临稻畦，为观稼轩，为怡情悦目，为稻香亭。又东北为溪山不尽，为兰溪隐玉。多稼轩西，池南为水精域，西为静香书屋，为招鹤磴。池后，东北为寸碧，西北为引胜，正北为互妙楼。河西为映水兰香，东南为钓鱼矶，北为印月池。池北为知耕织，为濯鳞沼。西南为贵织山房，以祀蚕神。东北为水木明瑟。稍西为文源阁，上下各六楹。阁前有巨石，名玲峰。西为柳浪闻莺，西北环池带河为濂溪乐处，后为云香清胜，东垣为芰荷深处。折而东北为香雪廊，其东楼为云霞舒卷，楼北亭为临泉。南为汇芳总春之庙，殿额为蕃育群芳。东北楼为香远益清，西为乐天和，为味真书屋，又西为池水共心月同明。庙东沿山径出，为普济桥。迤北对稻塍为多稼如云，前为芰荷香，东稍南为湛绿室，东北为鱼跃鸢飞，东为畅观轩，西南为铺翠环流，楼南有室为传妙，又南出山口，为多子亭。鱼跃鸢飞之东，禾畴弥望，河南北岸仿农居村市者，为北远山村。北岸石垣西偏为兰野，后为绘雨精舍，其西南为水村园。又西有楼，前为皆春阁，后为稻凉楼。又西为涉趣楼，右为湛虚书屋。西南有室，临河西向，为西峰秀色。河西峰峦峻峙，为小匡庐。后有龙王庙，东为含韵斋，为一堂和气，东南为自得轩。后垣东为岚镜舫，西为花港观鱼。西峰秀色迤东，东西船坞各二所。北岸为安澜园，正宇曰四宜书屋。东南为菲经馆，又南为采芳洲，后为飞睇亭，东北为绿帷舫。四宜书屋西南为无边风月之阁，为涵秋堂，为烟月清真楼。楼西稍南为远秀山房，楼北度曲桥为染霞楼。

长元按：安澜园仿海昌陈氏园名之。菲经馆、采芳洲、飞睇亭、绿帷舫、无边风月之阁、涵秋堂、烟月清真楼、远秀山房、染霞楼，并正宇四宜书屋，为安澜园十景。

方壶胜景在四宜书屋之东，临池楼宇也。南建坊二座。其北楼宇为哕鸾殿，为琼华楼。哕鸾殿东为蕊珠宫，南船坞，有龙王庙。西北为三潭印月，又西北度桥为天宇空明，为澄景堂。堂东为清旷楼，西为华照楼。澡身浴德在福海西南隅，即澄渊榭。南为含清晖，北为涵妙识。折而西向，为静香馆。又西为解愠书屋，西南为旷然阁。北度河桥为望瀛洲，其北为深柳读书堂，为溪月松风。平湖秋月在福海西北隅，正宇西为流水音，东北出山口临河为花屿兰皋。折而东南度桥为两峰插云，又东南为山水乐。其北为君子轩，为藏密楼。

蓬岛瑶台在福海中央，门南向。正殿前东为畅襟楼，西为神仙三岛。东偏为随安室，西偏为日日平安报好音。由蓬岛瑶台东南度桥为东岛，有亭曰瀛海仙山。西北度桥为北岛正宇。

接秀山房在福海东隅，后为琴趣轩，北为澄练楼，为怡然书屋，为寻云楼。稍东佛堂为安隐幢，南为揽翠亭。接秀山房之南有敞宇，依山临河，为别有洞天。西为纳翠楼，西南为水木清华之阁，稍北为时赏斋。别有洞天迤西为夹镜鸣琴，南为聚远楼。东为广育宫，前建坊座，后为凝祥殿。宫东为南屏晚钟。又东度桥为西山入画，为山容水态。夹镜鸣琴之西为湖山在望，为佳山水，为洞里长春。

涵虚朗镜在福海东，即雷峰夕照正宇。其北为惠如春，为寻云榭。又北为贻兰庭，为会心不远。其南为临众芳，为云锦墅，为菊秀松蕤，为万景天全。

廓然大公在福海西北隅，平湖秋月之西。正宇前为双鹤斋，西北为规月桥，东北为绮吟堂，又北为采芝径，又北经岩洞而出为峭蒨居，北垣门外有楼为天真可佳。峭蒨居西为披云径，又西为启秀亭，西稍南为韵石淙，西北平台临池为茭荷深处，垣外为影山楼。双鹤斋西为环秀山房，西北为临湖楼。

长元按：双鹤斋、规月桥、绮吟堂、采芝径、峭蒨居、天真可佳、披云径、启秀亭、韵石淙、影山楼，为廓然大公十景。

坐石临流在澹泊宁静之东，溪水周环轩宇，东向。其东南当碧桐书院，正东为鞠院风荷，西佛楼为洛迦胜境。鞠院风荷之南，跨池东西桥九空，枋楔二：西为金鳌，东为玉蛛。金鳌西南为四围佳境，玉蛛东为饮练长虹。又东南度桥折而北，设城关，为宁和镇。其南为东楼门。鞠院风荷之北为同乐园，层楼南向。前为清音阁，东为永日堂，中有南北长街。街西为抱璞草堂，街北双度桥为舍卫城，前树枋楔三。城南面为多宝阁，内为山门正殿，为寿国寿民，后为仁慈殿，又后为普福宫，城北为最胜阁。

洞天深处在如意馆西稍南，前宇乃诸皇子所居，为四所。东西二街，南北一街，前为福园门。四所之西为诸皇子肄业之所，前为前垂天贶，中为中天景物，东为斯文在兹，后为后天不老。

长元按：圆明园御制四十景，各有小序并诗。今自正大光明至洞天深处，凡另行顶写者，即四十景之目也。

长春园本圆明园东垣隙地，旧名水磨村，依长春仙馆命名。园内诸河之水，东出七空闸，灌溉稻田。宫门内正殿为澹怀堂，后为众乐亭，后河北敞宇为云容水态，西稍南为长桥。云容水态西北宫门内为含经堂，后为淳化轩，东西庑嵌御定淳化阁帖石刻。后为蕴真斋，额曰礼园书圃。含经堂东为霞蔚楼，额曰味腴书屋，为渊映斋。堂西为梵香楼，为涵光室。澹怀堂以西，滨河水石之间，为茜园，门西向。内为朗润斋，东为湛景楼，又东为菱香沜。朗润斋有石立于门内，为青莲朵。即宋德寿宫芙蓉石。斋东南山池间为标胜亭，又东南为别有天，西北为韵天琴，南角门外别院为委宛藏。是为八景，有御制诗，勒标胜亭西壁，又御制重摹梅石碑，置青莲朵侧诗。园后河北岸为思永斋，北为山色湖光共一楼。斋东别院为小有天园，引西湖汪氏园也。思永斋西南河外为得全阁，南为宝云楼。斋北水汇中有圆式楼宇三层，为海岳开襟，四旁枋楔各一。海岳开襟东北为谐奇趣。东为法慧寺，山门楼殿凡二层，有御书额。东为实相寺，山门殿阁凡三层，有御书额。

由实相寺度城关而东，迤南为交翠轩，为熙春洞，北为爱山楼，为泽澜堂。爱山楼东北为平畴交远风，为转湘帆。平畴交远风之东为丛芳榭，为琴清斋。丛芳榭之东为狮子林，八景曰：狮子林、虹桥、假山、纳景堂、清闭阁、藤架、磴道、占峰亭。又续题八景曰：清淑斋、小香幢、探真书屋、延景楼、画舫、云林石室、横碧轩、水门。狮子林之南为玉玲珑，正宇为正谊明道，北为林光澹碧，东为鹤安斋，西为蹈和堂。鉴园之后有船坞。由鉴园北山径折而东，为东宫门，楼宇东向。外为护河，有石桥。如园在鉴园西南，内为敦素堂，北稍东为冠霞阁，为明漪楼。由如园山径西行，即澹怀堂之东垣门。

第二节　园记类史料

园记属于园林文学作品，但是因为其往往记录了单个园林的营造过程、历史演变、景观特色、园林物产、人物生活等，因此具有历史价值，也是一类重要的园林文献。园记的作者往往是园主，或者是亲身游历过所记园林的人。最早的园记当属唐长庆三年（823 年）时任绛州刺史的樊宗师所作《绛守居园池记》，此后历代留存有数量不菲的园记，然而较为分散。明代王世贞曾编有《古今名园墅编》，其中收录多篇园记、园志等，今只留存有序。民国时期，南京翰文书店出版了陈诒绂编著的《金陵园墅志》。20 世纪 80 年代，安徽科学技术出版社出版了由陈植、张公驰编选的《中国历代名园记选注》，其中收录园记 57 篇。陈从周、蒋启霆选编的《园综》，收集园林相关的文献 322 篇，其中大部分为历代园记。同济大学出版社出版的五辑《中国历代园林图文精选》，收录历代园林文献 638 篇，并辅以园图，其中亦包括了相当数量的园记。

本节文献选编收录《涉园记》和《〈洛阳名园记〉中的富郑公园》两文。前者内容成于清代，后者成于北宋，所涉及清代和北宋园林早已不存。文中记载详细，是关于中国古代园林不可多得的文献史料。

文献选编

《涉园记》

本文所摘录《涉园记》，是清代叶燮所作、以涉园为主题的园记，载于

《园综》一书。涉园是清初张惟赤（号螺浮，康熙年间官至刑部主事）所筑，位于海盐城南。文中首先阐述了作园记的缘由，继而从园门开始，以大片篇幅详细描述了园内如希白池、濠濮馆、五龙峡等诸多景物的方位、名称、大小，以及景观风貌特征。

涉园者，海盐张都谏螺浮先生所作也。康熙辛未冬，都谏令嗣皜亭邀余馆于园旬月，悉得其园之概，因为志其广狭高下寻丈，凡峰岩溪壑与木石屋室，悉得其状而知其名，遂以次而著之，各以其序，亦异于游览者以寓诸目者为文也。

出邑南郭门，由石堤南行三里许，至"涉园"门，门东向，颜曰"涉园"。入门西北行，石径阔三尺，两旁皆高厓，缘厓箐筱密布，高六、七、八尺不等。丛筱中高梧老梅，夹路倚厓，如垣如屏，厓外缭以石墙。行二十五步许，得门，门隙墙中，广四尺，名"栖贤"，拟庐山谷名义，游庐山者，自"栖贤"为入山第一步也。进"栖贤门"，有两路，大路自门往西，折北，又折西折北，三共得三十六七步，至"来青门"。"栖贤"至此，两厓益隘，伏怪石箐间，高低百数，不可状。路逐坂上下，坂下澄潭涟漪，杜芷霢靡，高木荫不见天，名"桐阴蒿径"。"来青门"作圆照，进照三四步，又一门，门题青莲句："月下飞金镜，云生结海楼。"复西南行三折，又折西，径如"来青"，坂益高，树丛益密益幽，步五十余，始出谷，临"希白池""颎云岩"石壁下。

"希白池"，慕乐天池上游，故名。池居园中央，东西四百余步，南北不及三百步，周约千步，纳"五龙涧""南涧""西涧"之水，而出水于"石梁涧"。池正南，"翠照"三峰，迤西则"翠照坡"与"南涧坡"东西对；犬牙相峙处，则"南涧"口也；西北则"西涧"口，稍迤北转东为"石梁涧"，涧口在焉。"翠照"三峰正中趾为"泂淣濑"，稍东为"苍龙壑"，壑下即"五龙涧"口。绝涧而北，为"颓云岩"，一带怪石为壁，波溃马逸，过"蒿径口"，即入园，至"濠濮馆"之初径。"濠濮馆"踞池之北，面南临池，此池周遭之大略。

"濠濮馆"三楹，广三十四尺，方二十六尺，"居然濠濮"额，为合肥龚先生作。堂背书《香山九老会诗》，都谏公意将投老焉。阶前地约三十尺，怪石挐攫，作坡入池；盖池之东、迤南及西、而稍北，池面八分，以北一为馆，其余七，皆峰壑岩顶坡坪桥濑溪涧，木之干霄拔立，俯地纷披，无不萃"濠濮馆"前。盖园以此为正衙，无一不在几案也。由"蒿径口"出，临池东北涯，循"颓云岩"东壁行，约十余步，至"五龙涧"口北岸，岸口石竦立池沿，丛木罗生其上。循涧东北岸行，约十五步，上"杏花台"，杏数十本，四覆台畔。又东二十步余，对涧北岸，"可漱亭"在焉。由"杏花台"下坡，石栈二十余级至"五龙峡"。峡为四山交会处，陂陀龙攫螭舞，蓄水停泓，涓涓流入涧，石碁布水中。褰裳涉，复缘石磴曲折二十余级上坡，东北届"梅海坪"。坪中间为石台，停设石十许，可坐卧。横尖石长丈许，如匡庐"藜头箭"峰，因名"藜头箭石"。"梅海"跨"五龙峡"，南北界，纵横千尺余，疏枝老干，为百者二，亦名"香海坪"。东接桂林，老桂百枝，敷荣密布如幕，列石布坐，傍一石蹲踞嵌空，空深五尺许，如虎豹窟。桂林东尽处一石，高八尺余，径五尺余，屹然立。石背即石墙界"蒿径"者也。凿墙为小门，出门右为"丛桂小山桥"。桥南北二道，北道由桥东北行，右皆高冈迤逦，竹千余竿，左则桂、梅、桐，共百数。右冈下有溪，微流自竹间委迤出，三十步过"丛桂桥"下，横经桂林梅海中，盘旋入"五龙峡"，出涧行三十余步，复隙墙为门，门外傍一石，高丈余，径十之七，丛牙竖羽，崒嵂耸立。循石西行十步许，至"栖贤门"内会"蒿径"，即至"濠濮馆"径分处也。"小山桥"南道，由桥南西行二十五步，至"偏宜偏室"范抚军觐公笔，有跋。室北向，方广一丈二尺。室东南隅有牗，出牗循西廊至"朴巢"。巢南向，三大楹，东西三十八尺，南北二十六尺，后有轩，"鸾萧峰"窥轩而立，高十六尺，连峰两翼稍下展，障轩后，石竹葛蘭，丛纠上下。巢东室为"半眺阁"，室左为"望海楼"。楼高俯园内外，东南西皆总，无不窥，额"方壶几案"，亦范抚军笔也。巢前有榆七株，高可十丈，荫五、六亩，虬枝霜干，横列巢前，亏蔽阴森。树下散置黄石百许磴折渐高，自"望海楼"趾上冈，垒起连属，盘磴连栈，如群马奔槽，六十余步尽。冈西高四十余尺，名"风篁顶"，为冈之西峰，而实为"揽潮"之东峰也。冈上下，绿竹万竿，如千叠云，清荫滴沥，石磴苔藓罦罭，痕没不可辨。由"朴巢"西趾缘冈上，至冈腰又折而上，三折四十步许，至"笠雪岩"。岩为冈西北分支，高亚"风篁顶"，顶平方二十余尺，周以朱栏两层，有横石丈余补朱栏南面阙，玲珑而平，可施坐。岩北临"梅海"，西俯"五龙"，西南与"风篁顶"对峙，苍松上出冈顶，翠竹缘冈上下，作东南障，四望如在千溪幽谷中。下"笠雪岩"西行十五六步，下坡横石如眠牛，为"喘月峰"。稍西北为"蹋步峰"，又西折南两步，为"舞袖峰"。皆以形似也。"蹋步峰"正当"可漱亭"南，檐际亭壁，为"卧龙岩"，双石如龙，夭矫而卧。亭枕"五龙峡"南岸腰，西对南、西两涧峰峡口，灌木蓊郁、清籁戛戛，"南涧峰"高松如盖数十屏障于前，幽秘如在世外。此园东界北南之境也。

由"可漱亭"循"五龙峡"南厓而西，石皆壁立，高二十丈不等，步二十许，经"苍龙壑"，石壁作环抱，峡稍宽，松密布壁上下。壑西又十数步，为"翠照"三峰，中一峰高三十五尺许，左右两峰稍亚，峰势削成，石理旋纹洄漪，奇骇不可名。峰趾逼"希白池"，为"洄洑濑"，濑东即"五龙峡"口也。"翠照"北面，正当"濠濮馆"南面，"希白池"界其中，为园之南北分处。由"翠照"西十五六步，渐高又下，入"初峪谷"。谷广三尺余，深二十五尺，峪内作蜿蜒状，扪壁出谷，循级登，西南行，忽折而上，登"朝宗坪"。坪以园之北、东、西诸山水屋室木石皆向如朝宗，故得名。顶平阔，约可盘马，其下即峪中空坪，背枕"一线天"峰，峰为峪中南壁，由峪罅一线透而出也。从坪东下七八步，入"中峪谷"，行十余步出谷，拾级升，南折西上六步许，至"四照顶"。登顶北视，"翠照"三峰，如人露肩以上，翠髻螺鬟，罗列于前。顶方广三十余尺，杂花四周如阑。由顶西南下坡，盘磴窈窕，一步一折，夹路高杉如植戟，路隘仅尺，行三十许步，转北复西，至南涧桥，桥石板三折。过桥，循"南涧"峰麓涧西岸南行三四十步，至"坐云口"，此"南涧"西支源尽处，故以"坐云"名也。过口往南而东，经"天放阁"背二十余步，过"双鲸桥"，桥南北跨，傍双石如鲸，过桥北循"南涧"东厓十五步，复东而北三十步，为"南涧"东支源处，盖"南涧"又上承东、西二小涧也。"南涧"西厓皆黄石坡，高者为石壁，做黄子久画。坡上竹随石上坂高下为疏密，前行者四折而登，后行者有时反见其面，此真鸟道矣。盘磴行二十余级，为"黄石海"。到中峰腰又攀陟而南，骤高十许步，复向北，过小涧，"永思亭"在焉，为都谏公妥灵处，故名。亭方广十五尺许，亭下涧，即名"永思"，至"东涧"以入"南涧"。过亭东北行十五步，登"落落坪"，坪四面皆长松，海风自东来，时作怒号，微风则作笙筑，无时息。取孙兴公赋"荫落落之长松"句也。坪设石桌，周围环石坐，可为觞月地，南即"揽潮峰"，群峰之首峰也。峰拔坪起二十余尺，不可登。从峰背东西迂回行三十余步，西上五折，至"揽潮顶"，为绝顶处。顶为"揽潮峰"之肩，东望大海，即在峰趾。绕顶古梅、松、柏数十树，耸出翠筿，参差被顶畔，东揽"笠雪"，西俯"双涧"，峰北睇"濠濮"，映掩丛篁古木中，层次远近，一一可数。复循顶渐下，南三十余步，至"双柏坡"。坡广容五六十人，坡上高松数百，中二柏挺然高出松顶五六尺。坡东不五六步，至"得松亭"，方广十五尺许，两松偃蹇亭前后檐。亭北二十步许，"花神阁"方广如亭。复从亭西下坡，西南拾级行，至"松涧桥"。涧长仅二十尺许，水入"南涧"之东溪。过桥有"听松阁"，阁前山皆黄石垒，高十许尺，竹千余竿。南为"退思轩"三楹，东西三十尺，南北二十四尺。后复有轩，前轩庭海棠六七株，扶疏摇曳，皆百余年物。有石高丈许，阔如之，色温然，名"补衮石"，推"退思"义也。由轩廊往西，得"绿净阁"，阁横开纵短，退之诗："绿净不可唾。"子瞻诗："朝雨洗绿净。"两取义也。阁前有峰三柱。北上"天放阁"，阔方广十尺余，推窗尽揽北界诸胜。复自"退思轩"东廊出"卧雪门"，门外为"卧雪坡"。往西南十余尺，过"梧石濑"，至"莲叶池"。池周遭皆廊，池水至"坐云口"，入"南涧"以入"希白池"。傍池东涯南行十六步，至"乘槎桥"，桥三折而东，至"揽翠阁"，阁左"对鸥亭"，皆南向临池。桥西"揽翠坡"，坡曲有石，名"流波"，其文理诡谲，复作臃肿支离状，又如松化石，群石中，质之最异者，高广皆五尺余。南入"莲叶坞室"，亦名"蒉谷"，室南北三十尺、东西二十尺，窗四面，外缭以周廊，南、北、东皆池，西南一带植牡丹二十余本，界以奇石，高低断续，与帘幙掩映，丹楹翠楣，互相亏蔽，为园中繁华处。自"揽潮"中峰至此，皆园之南界，"南涧"及峰之南西境也。

出"箦谷"，复历"卧雪坡"往西，过小濑，又西二十步下，北循"流觞溪"，溪仅如带，傍溪而北四十步许，至"万杉口"，杉色青翠，皆高四五十尺，林立无算。又北，历"坐云口"五十步，上"南涧"峰南麓，十三四步下麓，北行又二十步许，上"西涧"峰麓，东北行二十步，绕麓东面行，又西北环峰趾二十余步，至"西涧桥"。桥跨南北，石坂长十四尺，"西涧"水从西壁灌莽箐筱中流出，过桥下入"希白池"。桥北傍西有室二楹，题"莲动竹喧，水回云度"八字于壁。自室往东，皆长廊，临池二十步为"虚亭"，亭东西三十尺，南北二十二尺。亭东、南、西三面入池，踞水中央。南对"天放""绿净"诸阁，稍东则"翠照"三峰，"翠照坡"斗入于池，为圆屿，南、西两涧峰坡与"翠照坡"相错环峙于前。又东则"五龙涧"口，迤北"颓云岩"一带壁立如城，西则北、西二涧，交流汇合，北则"石梁涧"一道回抱于后。四山竞奇，顾览不暇。亭栋间东书坡"水清花动，月晌鱼簑，百年底事，不饮如何"十六字。从亭东北长廊行五折四十余步，至"濠濮馆"。馆西北一门，门西有亭，曰："在河之干。"北临官河，河北有"放庵"，与亭相对，为精蓝，以楼高缁。河亭南临"北涧"口，天雨，则合东、西、南诸溪、涧、池水从石梁下琤淙流出"北涧"以入官河。涧两岸花药密莳，石苔厚寸许，斑驳如烂锦。亭西斑竹千余竿，亭南古木桐、梅，斜横直耸不计。由亭西南曲廊宛转十五六步，至"翠深处"，屋东、西两楹，设蒲团清磬，为休憩燕息地。"翠深处"西南，有半阁二楹。稍下，又得阁一楹，俱绕以桂，短墙外皆梅花，一望无涯。此园西界，"西涧"及峰并"北涧"之境也。

"濠濮馆"东北隅，有书室二楹。又往东迤北，为"柳亭"，东西二十尺，南北一十尺。北临官河，柳植官河北岸一带二十余丈。又东，"迎笑居"，即"来青门""蒿径"口，客来则于此迎也。左有"青未了"五楹，如长廊，每楹十尺，亦临官河。截"青未了"南壁，亦为长廊，广如南楹。沿廊外植梅、竹、桐及枇杷、樱桃、杨梅、李诸果木。廊南一带，即"蒿径"。廊尽、一便门出园，此园之东南界、"濠濮馆"之南东偏也。

《洛阳名园记》中的富郑公园

园记基本为单篇文献，唯有《洛阳名园记》记载了北宋洛阳的多处园林。北宋时期洛阳是北方中心城市，城市与宅邸建设、私家园林营造较为突出。《洛阳名园记》为李格非于北宋绍圣二年（1095 年）所著，共记录了洛阳 19 处私家园林。全书一卷，包括：《序》《富郑公园》《董氏西园》《董氏东园》《环溪》《刘氏园》《丛春园》《天王院花园子》《归仁园》《苗帅园》《赵韩王园》《李氏仁丰园》《松岛》《东园》《紫金台张氏园》《水北胡氏园》《大字寺园》《独乐园》《湖园》《吕文穆园》。文中记录了所记诸园的总体布局，描写了山池、花木、建筑所构成的园林景观面貌，反映了洛阳园林的营造特征，是有关北宋时期北方私家园林的一篇重要文献。

本文为《洛阳名园记》中《富郑公园》一段，作者通过简要的文字，描绘了富郑公园的景观构成、景物方位和景观特色。

洛阳园池，多因隋唐之旧，独富郑公园最为近辟，而景物最胜。游者自其第东出"探春亭"，登"四景堂"，则一园之景胜可顾览而得。南渡"通津桥"，上"方流亭"，望"紫筠堂"而还。右旋花木中，有百余步，走"荫樾亭""赏幽台"，抵"重波轩"而止。直北走"土筠洞"，自此入大竹中。凡谓之洞者，皆斩竹丈许，引流穿之，而径其上。横为洞一，曰"土筠"，纵为洞三，曰"水筠"，曰"石筠"，曰"榭筠"。历四洞之北，有亭五，错列竹中，曰"丛玉"，曰"披风"，曰"漪岚"，曰"夹竹"，曰"兼山"。稍南有"梅台"，又南有"天光台"，台出竹木之杪。遵洞之南而东还，有"卧云堂"，堂与"四景堂"并南北，左右二山，背压通流，凡坐此，则一园之胜，可拥而有也。郑公自还政事归第，一切谢宾客，燕息此园，凡二十年。亭台花木，皆出其目营心匠，故逶迤衡直，闿爽深密，皆曲有奥思。

第三节　植物文献

植物是园林内主要构成要素。我国栽种园艺植物历史较为久远，历代记录、描写植物品种、栽培、审美的文献也较为丰富。本节选编《范村梅谱》和《二如亭群芳谱》两文。《范村梅谱》成书于宋代，是我国最早的梅花专著，对于了解梅花品种与历史，以及指导园林中梅花栽种具有重要的价值。《二如亭群芳谱》成书于明代晚期，是关于园艺植物的种类、形态、栽植方面的文献，对于了解明代园艺植物具有较强的借鉴作用。

文献选编

范村梅谱

《范村梅谱》为范成大（1126—1193 年）所作，是我国最早的梅花专著。范成大是南宋著名诗人，曾先后任敷文阁待制、四川制置使、礼部尚书，政绩颇丰。晚年退居姑苏石湖，筑石湖别墅，在所居之范村广植梅菊，著有《范村梅谱》和《范村菊谱》各一，另有著述《石湖大全集》《吴郡志》等。

《范村梅谱》除了自序、后序以外，正文分江梅、早梅、官城梅、消梅、古梅、重叶梅、绿萼梅、百叶缃梅、红梅、鸳鸯梅、杏梅、蜡梅十二类述之。文中兼叙兼论，不仅对各类梅花的形色特征和生长特性描述详细，也阐述了种梅经验，收录了文人描写梅花的诗句，并论及了梅花品位。

自序

梅，天下尤物，无问智贤愚不肖，莫敢有异议。学圃之士必先种梅，且不厌多。他花有无，多少，皆不系重轻。余于石湖、玉雪坡既有梅数百本。比年又于舍南买王氏僦舍七十楹，尽拆除之，治为范村，以其地三分之一与梅。吴下栽梅特盛，其品不一，今始尽得之。随所得为之谱，以遗好事者。

江梅，遗核野生，不经栽接者。又名直脚梅，或谓之野梅。凡山间水滨，荒寒清绝之趣，皆此本也。花稍小而疏瘦有韵，香最清，实小而硬。

早梅，花胜直脚梅，吴中春晚二月始烂漫，独此品于冬至前已开，故得"早"名。钱塘湖上亦有一种，尤开早。余尝重阳日亲折之，有"横枝对菊开"之句。

行都卖花者，争先为奇。冬初所未开，枝置浴室中熏蒸，令拆，强名早梅，终琐碎，无香。

余顷守桂林，立春，梅已过。元夕则见青子，皆非风土之正。杜子美诗云："梅蕊腊前破，梅花年后多。"惟冬春之交，正是花时耳。

官城梅，吴下圃人以直脚梅择他本花肥实美者，接之，花遂敷腴，实亦佳，可入煎造。唐人所称官梅止谓"在官府园圃中"，非此官城梅也。

消梅花与江梅、官城梅相似，其实圆小松脆，多液无滓。多液则不耐日干，故不入煎造，亦不宜熟，惟堪青噉。北梨，亦有一种轻松者，名消梨，与此同意。

古梅，会稽最多，四明、吴兴亦间有之。其枝樛曲万状，苍藓鳞皴，封满花身。又有苔须垂于枝间，或长数寸，风至，绿丝飘飘，可玩。初谓"古木"，久历风日致然。详考会稽所产，虽小株，亦有苔痕，盖别是一种，非必古木。余尝从会稽移植十本。一年后，花虽盛发，苔皆剥落殆尽，其自湖之武康所得者，即不变移，风土不相宜。会稽隔一江，湖、苏接壤，故土宜或异同也。凡古梅多苔者，封固花叶之眼，惟罅隙间始能发花。花虽稀而气之所钟，丰腴妙绝，苔剥落者，则花发仍多，与常梅同。

去成都二十里，有卧梅，偃蹇十余丈，相传唐物也，谓之梅龙。好事者，载酒游之。

清江酒家有大梅如数间屋，傍枝四垂，周遭可罗坐数十人。任子严运使买得，作凌风阁临之，因遂进筑大圃，谓之盘园。

余生平所见梅之奇古者，惟此两处为冠，随笔记之，附古梅后。

重叶梅，花头甚丰，叶重数层，盛开如小白莲，梅中之奇品。花房独出而结实多双，尤为瑰异，极梅之变，化工无余巧矣。近年方见之。蜀海棠有重叶者，名莲花海棠，为天下第一，可与此梅作对。

绿萼梅，凡梅花，跗蒂皆绛紫色，惟此纯绿。枝梗亦青，特为清高，好事者比之九嶷仙人萼绿华。京师艮岳有萼绿华堂，其下专植此本。人间亦不多有，为时所贵重。吴下又有一种，萼亦微绿，四边犹浅绛，亦自难得。

百叶缃梅，亦名黄香梅，亦名千叶香梅。花叶至二十余瓣，心色微黄，花头差小而繁密，别有一种芳香，比常梅尤称美。不结实。

红梅，粉红色。标格犹是梅，而繁密则如杏，香亦类杏。诗人有"北人全未识，浑作杏花看"之句，与江梅同开，红白相映，园林初春绝景也。梅圣俞诗云："认桃无绿叶，辨杏有青枝。"当时以为著题。东坡诗云"诗老不知梅格在，更看绿叶与青枝"，盖谓其不韵，为红梅解嘲云。承平时，此花独盛于姑苏。晏元献公，始移植西冈圃中。一日贵游，赂园吏得一枝分接，由是都下有二本。尝与客饮花下，赋诗云："若更开迟三二月，北人应作杏花看。"客曰："公诗固佳，待北俗何浅耶？"晏笑曰："伧父安得不然。"王琪君玉，时守吴郡，闻盗花种事，以诗遗公曰："馆娃宫北发精神，粉瘦琼寒露蕊新。园吏无端偷折去，凤城从此有双身。"当时罕得如此。比年展转移接，殆不可胜数矣。世传吴下红梅诗甚多，惟方子通一篇绝唱，有"紫府与丹来换骨，春风吹酒上凝脂"之句。

鸳鸯梅，多叶红梅也。花轻盈，重叶数层，凡双果，必并蒂。惟此一蒂而结双梅，亦尤物。

杏梅花比红梅色微淡，结实甚匾，有斓斑色，全似杏味，不及红梅。

蜡梅，本非梅类，以其与梅同时，香又相近，色酷似蜜脾，故名蜡梅。凡三种，以子种出，不经接，花小香淡，其品最下，俗谓之狗蝇梅。经接，花疏，虽盛开，花常半含，名磬口梅，言似僧磬之口也。最先开，色深黄如紫檀，花密香秾，名檀香梅，此品最佳。蜡梅，香极清芳，殆过梅香，初不以形状贵也。故难题咏。山谷简斋但作五言小诗而已。此花多宿叶，结实如垂铃，尖长寸余，又如大桃奴，子在其中。

后序

梅，以韵胜，以格高，故以横斜疏瘦与老枝怪奇者为贵。其新接稚木，一岁抽嫩枝直上，或三四尺，如酴醾、蔷薇辈者，吴下谓之气条。此直宜取实规利，无所谓韵与格矣。又有一种粪壤力胜者，于条上茁短横枝，状如棘针，花密缀之，亦非高品。近世始画墨梅。江西有杨补之者，尤有名。其徒仿之者，实繁。观杨氏画大略皆气条耳，虽笔法奇峭，去梅实远，惟廉宣仲所作差有风致，世鲜有评之者，余故附之谱后。

❀二如亭群芳谱❀

《二如亭群芳谱》（以下简称《群芳谱》）面世于明代天启元年（1621年），明代王象晋编撰，主要搜集编录了包括花卉、蔬菜、果树、草本等可供人们观赏及食用的园艺植物的名称、种类、形态特征、生长环境、栽培方法及其用途。全书记录共约四百种植物。书中整理及汇编了中国明代晚期以前农作物及园艺植物的相关园艺种植技术，同时总结了作者本人的实践栽培经验，将理论与实践相结合。该书不仅是明代后期记载园艺植物名目的重要谱录，还反映了明代后期园艺栽培及农作耕种水平。清代康熙年间，皇帝敕命翰林院对包括《群芳谱》在内的书籍进行重新修编。汪灏、张逸少、刘灏等人在《群芳谱》的基础上重新修撰及辑录成《广群芳谱》，内容大体沿用原书，较《群芳谱》中有所删减。

移竹：先期离竹一二尺，四围劚断旁根，仍以土覆，频浇水。俟雨后移致即活，亦不换叶，移时须寻其西南根，勿劚断，照旧栽植，竖架扶之尤妙。竹中有树不须去，虽风雪不复欹斜，亦一助也。

....

择竹：竹有雌雄，雌者多笋，故种竹当择雌者。物不能逃于阴阳也，欲识辨雌雄，当自根上第一节观之，双枝者为雌，宜取西南根，栽向东北隅，盖竹性西南行，西南乃嫩根也。

....

审时：种竹之法要得天时。五六月间，旧笋已成，新根未行，此时可移。又须醉日。宋子京云：除地墙阴植翠筠，疏枝茂叶与时新。赖逢醉日原无损，政自得全于酒人。

....

护竹：竹满六十年便开花，辄枯死结实如稗，谓之竹米，一竿如此，满林皆然，法于初米时，择一竿稍大者，近根三尺许，截断通其节，灌以犬粪即止，锄竹围，宜用厚河泥及灰壅最肥。

....

伐竹：月令日短至，则伐木取竹箭（阴气盛，故伐而取之，大曰竹，小曰箭），腊月砍竹做器，则不蛀，一云：六月伐竹要留三去四，谚云：公孙不相见，母子不相离。

....

《木谱》

形性：凡物圆者为阳，承者为阴，刚者为阳，柔者为阴。得阳之刚，则为贞坚之木，得阴之柔，则为附蔓之藤。树皆有皮也，而紫荆则无，木皆有理也而川柏独否。木皆中实也，而娑罗中空，竹皆中空也，而广藤中实。松为百木之长，兰为百草之长，桂为百药之长，梓为百材之王，牡丹为百花之王，葵为百蔬之王。纶组也，紫菜也，海中之草也。珊瑚也，琅玕也，海中之木也。

....

移植：语云种树无时，雨过便移，多留宿土，记取南枝。而汜胜之书乃曰，种树正月为上时，二月为中时，三月为下时。夫节序有早晚，地气有南北，物性有迟速，若必以时拘之，无乃不达物情乎？惟留宿土记南枝，真种植家要法也。

....

修剔：凡修剔树木，必于枝叶零落时。大者斧铲，小者刀剪，视其繁冗及散逸者方可去。栽痕向下，不受雨渍，自无食心之腐。无颠顶者，则取直生向上一枝留使成长，有枯朽摧拉须尽则不引蛀。

....

防卫：有在土之果木，畏冷如橘，畏热如梨。松性宜干，桧性宜湿，无失其宜，则畅茂条达。

....

灌溉：凡木最不宜发萌时多灌，盖上发萌芽则下行新根，灌之多易致腐烂，又宜晚凉之。

....

扦花：凡种植，二月为上，取木旁生小株可分者，先就连处分劈，用大木片隔开，土培，令各自生根，次年方可移植，胜于种核。核五年方大，扦插令活，二年即茂，须待应移月分则易活。

....

卫花：四月棘叶生，棘性暖。养华之法，以棘数枝置华丛上，可以避霜，护其华芽。凡花卉，不宜于伏热日午浇灌，冷热相逼，顿令枯萎。

⋯⋯⋯⋯⋯⋯

花忌：瓶花忌置当空几上，故官哥古瓶下有二方眼，为缚于几足不致失损也。花忌油手拈弄，忌藏密室，夜须见天，忌用井水，味碱损花，河水并天落水佳。

⋯⋯⋯⋯⋯⋯

第四节　古代园林图像

图像史料是相对于文字史料而言的史料类型，其区别在于传达信息的载体和形式不同。文字史料可以追溯至公元前 3500 年左右出现的楔形文字（两河流域苏美尔人），前 3100 年左右出现的象形文字（尼罗河流域古埃及人），以及 1700 年左右出现的甲骨文（黄河流域商朝人）。图像的出现远早于文字。如法国阿德什山谷雪维洞穴中的壁画（前 25000—前 17000 年）、拉斯科洞穴大厅壁画（前 14000 年）、土耳其加泰土丘壁画（前 5800 年）等原始遗迹壁画，表明在原始社会时期，人们已经开始使用图像传达特定的信息与意义（图 2-4-1、图 2-4-2）。

古埃及和两河流域的图像有了进一步发展。古埃及出现了众多的法老像、狮身人面像以及动物雕像，两河流域、美索不达米亚地区也出现了大量的神祇、人物、动物雕像和图案。如苏美尔人制作的雪花石膏花瓶上，绘有祭司、羊和人物的形象，表现了节庆献祭的场景。希腊罗马时期的图像，往往是以希腊罗马神话或者英雄故事、重大事件和历史人物作为主题，通过具

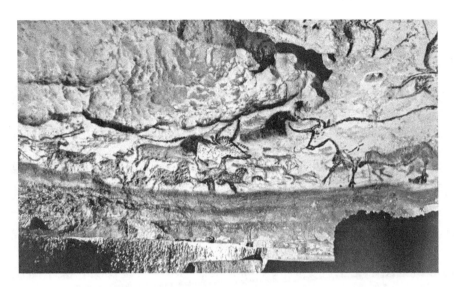

图 2-4-1　前 14000 年至前 10000 年左右的法国拉斯科洞窟壁画

（图片来源：修・昂纳、约翰・弗莱明著《世界艺术史》）

图 2-4-2　前 5800 年左右的土耳其加泰土丘壁画

（图片来源：修・昂纳、约翰・弗莱明著《世界艺术史》）

象、象征的手法进行的故事性书写。中世纪时期的图像多为壁画和镶嵌画，内容多围绕基督教、圣经故事，建构了宗教集体记忆。图像还成为宗教崇拜的对象载体。

我国学者很早就认识到图像的作用。陆机（261—303年）曾言："宣物莫大于言，存形莫善于画。"唐代张彦远在《历代名画记》中曰："象制肇创而犹略，无以传其意，故有书；无以见其形，故有画""记传，所以叙其事，不能载其容；赋颂，有以咏其美，不能备其象。图画之制，所以兼之也"。南宋郑樵（1104—1162年）："图，经也；书，纬也，一经一纬，相错而成文。图，植物也；书，动物也，一动一植，相须而成变化。见书不见图，闻其声不见其形；见图不见书，见其人不闻其语。"这些论述表明，文字与图像（图画）互补，方能传达完整的意义。

园林图像是描绘、记录历史上各类园林（整体或者局部）的布局构成、空间形态以及人物活动的图像类型，能够传播景观的形象与内涵、表达对景观的观赏体验。根据图像的性质与制作来源，园林图像史料的类型包括宫廷图像、方志类书的插图、图集与图说和图志、自传游记插图、民间水墨图像等（图2-4-3～图2-4-6）。

图2-4-3　清代《御制避暑山庄三十六景图》——《万壑松风》

图 2-4-4 (清)冷枚《避暑山庄图》

图 2-4-5 清代《圆明园四十景图》——《曲院风荷》

图 2-4-6　清代《御制圆明园四十景诗图》——《月地云居》

　　本节选编文章两篇，分别为《清代的园林图像》和《图像学的范式》。现存宫廷园林图像主要是清代作品（产品），是由宫廷画师创作，或者由宫廷机构制作生产的园林图像，其主题内容不仅包括皇家园林，也包括清代皇帝南巡、西巡沿途驻跸的行宫，以及所参拜、游览的寺观和风景名胜。宫廷园林图像中还有一部分是敕修的方志插图，主要由武英殿刊刻，如《钦定热河志》《钦定盘山志》《关中胜迹图志》等。《清代的园林图像》聚焦于这一庞大的园林图像系统，对其进行梳理和解读，反映了宫廷图像对于历史园林和园林史研究的史料价值。《图像学的范式：文艺复兴时期艺术的人文主题》一文出自图像学经典文献《图像学研究》，文中系统提出了图像学研究的三个层次和三个阶段，对于园林图像的解读方法具有很好的启迪与借鉴价值。

文献选编

《清代的园林图像》

根据各个时期园林图像的媒介材料和主题，大致可将清代园林图像的发展分为两个阶段。

第一阶段为清初至乾隆、嘉庆时期，这一阶段是宫廷园林图像的大发展时期。究其原因，一方面是因为康熙至乾隆年间皇家园林，尤其是京郊离宫御苑的营造取得了很大成就。随着南北交融的发展，皇家园林营造技艺吸取了各地园林之长，建筑规范更加明确，皇帝本人亲自主持园林的营造，北京西北郊园林占地广阔，且有助于解决京城的漕运和给水需求，多种因素促进了清代皇家园林的营造。这一时期兴建的重要的园林，如避暑山庄、圆明园、清漪园等，占地广阔，充分利用山川形胜，营造技艺突出，且充分吸取了各地园林名胜的精华，是古代皇家园林的集大成者。另一方面，清代宫廷绘画成就突出。清廷设置了如意馆、武英殿等专事生产宫廷绘画和版画的机构，广招人才，产生了一大批宫廷园林图像。

清代最早的宫廷园林图像当属以避暑山庄为主题的宫廷图像作品。避暑山庄位于河北承德，又名热河行宫，是清朝皇帝夏季避暑休闲和处理政务的大型离宫御苑。北京紫禁城夏季炎热、酷暑难当，而河北承德地处蒙古草原与华北平原的过渡地带，且四面环山，夏季凉爽、气候宜人。出于夏季避暑的需求，康熙皇帝从康熙四十二年(1703)起开始营造避暑山庄，因山就势建造宫殿楼阁、开拓湖区，使得避暑山庄初具规模。康熙二十年(1681)，为了进一步维护、提升与蒙古王公贵族的关系，巩固边防，同时也为了训练军队，锻炼、加强满族贵族的骑射技能，康熙下令在蒙古草原建立木兰围场。每年秋季，皇帝带领皇亲贵族、王公大臣、军队等数万人前往木兰围场举行狩猎活动，称为"木兰秋狝"。避暑山庄建成以后，成为清廷木兰秋狝过程中最重要的行宫。雍正年间(1723—1735)避暑山庄停建。乾隆年间(1736—1795)进一步扩建避暑山庄，拓展水系，增建宫殿，使得山庄占地总面积达到564公顷左右。避暑山庄的营建前后历时近90年，康熙是山庄的奠基者，他将其中景观效果较好的景区命名为"三十六景"。

以避暑山庄为主题形成了庞大的宫廷图像作品体系，这也是清代最早的宫廷园林图像。康熙以四字为名题名三十六景，同时诏命内阁学士沈嵛绘图。沈嵛每景绘一图，以白描手法共绘制三十六图，画幅高26厘米、宽29厘米，配以康熙的赋诗，于康熙五十年(1711)由内务府刊印成上下两册的《避暑山庄图咏》。次年，雕版高手朱圭和梅裕风等人以沈嵛画作为底稿，按照同等尺寸镌刻了木版画《御制避暑山庄三十六景图》。康熙五十二年(1713)，意大利传教士马泰奥·里帕(Matteo Ripa)以木版画为底稿，镌刻了同等尺寸的铜版画，并搭配以王曾期所书康熙题诗和景点记述，印制成《御制避暑山庄三十六景诗图》①。

康熙年间，除了沈嵛所创作的画稿外，还有王原祁所绘的《避暑山庄三十六景》。该画册最迟于康熙五十四年(1715)完成，笺本彩画，画上有康熙御诗，画幅25.6厘米×28.7厘米。

乾隆时期对避暑山庄屡有改建和增建。乾隆十九年(1754)，乾隆以三字为名新题了三十六景名，与康熙三十六景合称为"避暑山庄七十二

---

① 陈薇.避暑山庄三十六景诗图[M].北京:中国建筑工业出版社,2009.

景"。在此之前，乾隆多次诏命宫廷画师创作避暑山庄主题图像，均以康熙所定的三十六景为基本内容。如乾隆四年(1739)，内阁学士张若霭以白描手法绘有四册绢本《避暑山庄图》；乾隆十七年(1752)，户部主事张宗苍绘制水墨画三十六幅，画幅31厘米×30厘米，配以乾隆的五言诗，以左图右文的形式刊印成《避暑山庄三十六景图咏》；同年，宫廷画师方琮绘制三十六幅纸本设色画，配以于敏中所书的康熙题诗，合成一册《御制避暑山庄三十六景诗》；励宗万也绘有纸本《御制避暑山庄诗图》，共四册，录有康熙和乾隆的题诗。

乾隆十九年(1754)避暑山庄新增景名之后，当年，刑部侍郎钱维城以乾隆所题三十六景为对象，绘制了设色水墨画共计三十六幅，配合以乾隆御制诗刊成《御制避暑山庄再题三十六景诗》两册，并与乾隆十七年(1752)钱维城所绘《御制避暑山庄旧题三十六景诗》合称《避暑山庄七十二景》，共计四册，每册十八景图，画幅为26.5厘米×30.5厘米①。

除了多页景图形式的画作以外，如意馆画师冷枚②作有立轴画《避暑山庄图》。该图轴为绢本设色画，高254.8厘米，横172.5厘米，工笔山水风格，笔法细腻。冷枚以鸟瞰的视点，全景式地描绘了避暑山庄景观，对于山石、建筑、树木等细节处理较为严谨，并吸取了透视画法，使得画面有很强的立体感。

乾隆时期建成了北京西北郊的三山五园，出现了一批以三山五园为主题的宫廷园林图像。圆明园原为雍正做皇子时候的赐园，雍正即位后对圆明园大肆扩建。乾隆时期继续营造圆明园，并选择其中代表性的四

---

① 《避暑山庄七十二景》编委会.避暑山庄七十二景[M].北京:地质出版社,1993.
② 冷枚为宫廷如意馆画家,康熙年间进入宫廷供职,擅长山水、花鸟、人物,造型准确严谨,构图有透视章法,描绘精微细致。

十个景点，分别赋诗。乾隆元年（1736），乾隆命冷枚绘制圆明园景图，后来改由唐岱①、沈源作图，至乾隆九年（1744）完成四十景图，配以雍正书《圆明园记》和乾隆书《圆明园后记》，以及汪由敦所书的乾隆御制《四十景题诗》，合成《圆明园四十景图咏》。全册材料为绢本彩绘，工笔山水和界画风格，对圆明园的格局、建筑、植被、水体、筑山置石等要素表现得非常细致。全册分为上下两册，采用左诗右图的形式，画幅64厘米×65厘米，收藏于圆明园奉三无私殿。

乾隆十年（1745），武英殿刊刻了《御制圆明园四十景诗图》。该图册分上下两册，收录乾隆所作的诗文，鄂尔泰、张廷玉等注，并由沈源、孙佑绘制底稿，共计四十图②。刻图的构图、视点与《圆明园四十景图咏》相同，建筑物也基本类似，唯有背景山脉有所不同。

乾隆四十六年（1781），圆明园东北部的长春园西洋楼景区完工后，如意馆画师伊兰泰等人奉诏开始绘制西洋楼图画底稿，五年后由内务府造匠处将其镌刻刊印成铜版画，总计二十幅，称为《西洋楼铜版图》。《西洋楼铜版图》全部为西洋楼建筑立面透视图，有明显的透视法影响，对建筑细部刻画入微。二十块铜版和所刻纸图皆藏于圆明园和长春园殿中③。

清前期营造的皇家园林，面积广阔、景点众多，建筑类型丰富，因此基本采用多景图的绘制方式，每图围绕一个景点而作，唯有《静宜园二十八景图》是长卷形式的园林图像。静宜园位于北京西北郊香山，是三山五园中的行宫御苑，建于乾隆十二年（1747）。乾隆年间宫廷画家张

---

① 唐岱为宫廷如意馆画家，曾师从王原祁，受到西方绘画的影响，作品中融入了透视和明暗表现技法。

② 孟白.中国古典风景园林图汇：第一册［M］.北京：学苑出版社，2000：4.

③ 圆明园管理处.圆明园百景图志［M］.北京：中国大百科全书出版社，2010：383.

若澄奉诏绘制该图。全图卷长 427 厘米，高 28.7 厘米，纸本设色，采用全景式构图，笔法兼工带写，有一定的水墨写意画趣味。

除了以皇家园林为对象绘制的园林图像以外，清前期宫廷和官府还刊刻、生产了一批历史地理类山水志书，其中的木刻插图中包括大量的园林图像，如雍正年间最重要的园林图像是《古今图书集成》中的插图。《古今图书集成》刊刻于雍正四年（1726），由陈梦雷、蒋廷锡等负责编纂，铜活字印本。其中"山川典"收录有山水风景舆图多幅，手法写实、刻工精湛，是当时木刻版画中山水名胜图像精品。

雍正年间（1723—1735），浙江巡抚李卫纂修有《西湖志》。该书于雍正九年（1731）刊刻，书中有多幅木刻插图，均以西湖景观为主题。书中景图在西湖十景的基础上，增加了九里云松、灵石樵歌等多幅图像。插图均为双页连式，刻画较为精细，体现了殿版画的特色。

乾隆三十五年（1770）刊刻了《钦定盘山志》，共二十一卷，由蒋溥、汪由敦、董邦达编纂。盘山位于天津蓟县，山势起伏、植被茂盛，山上多奇松、奇石，山下多山泉、瀑布、池沼，景色四季各异，寺庙众多，是一处风景胜地。乾隆九年（1744）清廷在盘山营造静寄山庄，又称盘山行宫，作为乾隆祭祖途中的驻跸和游览之所。《钦定盘山志》中的木刻版画插图对盘山风景和行宫建筑作了细致的描绘（图 2-4-7）。另外，董邦达于乾隆十二年（1747）奉诏而作的水墨笺本册页《田盘胜概图》，绘静寄山庄十六景，是该处皇家园林早期的图像表达。

乾隆年间（1736—1795），陕西巡抚毕沅编纂有《关中胜迹图志》，于乾隆四十一年（1776）在热河行宫进呈皇帝，后被著录入《四库全书》。该图志共有三十卷，以州府分篇，各篇又分地理、名山、大川、古迹四目，是乾隆时期陕西地区的地理资料集。图志中有版刻插图数十幅，描

图 2-4-7　清代《钦定盘山志》插图——《半天楼》

绘了陕西山川名胜和宫城寺庙的景观风貌。尽管绘制和镌刻水平低于内府刊刻的《钦定盘山志》等插图，但是具有珍贵的历史价值[①]。

乾隆四十六年(1781)武英殿刊刻的《钦定热河志》，由和珅、梁国治编纂，共一百二十卷，全书分天章、巡典、徕远、行宫、围场、疆域、建置沿革、晷度、水、山、学校、藩卫、寺庙、文秩、兵防、职官题名、宦迹、人物、食货、物产、古迹、故事、外纪、艺文共二十四门。书中木刻插图极为丰富，不仅有避暑山庄总图和七十二景分图，还包括承德的寺庙、城隍、行宫等图像(表 2-4-1，图 2-4-8)。

---

① 毕沅.关中胜迹图志[M].张沛,校点.西安：三秦出版社,2004：1-3.

表 2-4-1 清代方志中的园林名胜图版

方志名称	图版名称
《钦定热河志》	避暑山庄总图、烟波致爽、芝径云隄、无暑清凉、延薰山馆、水芳岩秀、万壑松风、松鹤清越、云山胜地、考棚图、秀峰书院图、永佑寺、水月庵、汇万总春之庙、鹫云寺、珠源寺、斗姥阁、灵泽龙王庙、溥仁寺、溥善寺、普宁寺、普佑寺、安远庙、普乐寺、普陀宗乘之庙、殊像寺、广安寺、罗汉堂、广元宫、穿览寺、须弥福寿之庙、热河城隍庙、琳霄观、四面云山、北枕双峰、西岭晨霞、锤峰落照、南山积雪、梨花伴月、曲水荷香、风泉清听、濠濮间想、天宇咸畅、暖溜喧波、泉源石壁、青枫绿屿、莺啭乔木、香远益清、金莲映日、远近泉声、云帆月舫、芳诸临流、云容水态、澄泉绕石、澄波叠翠、石矶观鱼、镜水云岑、双湖夹镜、长虹饮练、水流云在、丽正门、勤政殿、松鹤斋、如意湖、青雀舫、绮望楼、驯鹿坡、水心榭、颐志堂、畅远堂、静好堂、冷香亭、采菱渡、观莲所、清晖亭、般若相、沧浪屿、一片云、香泞、万树园、试马埭、嘉树轩、乐成阁、宿云檐、千尺雪、宁静斋、罨画窗、凌太虚、澄观斋、翠云岩、临芳墅、玉琴轩、素尚斋、永恬居、淡泊敬诚、清舒山馆、戒得堂、春好轩、静寄山房、烟雨楼、绿云楼、创得斋、观瀑亭、食蔗居、敞晴斋、秀起堂、静含太古山房、有真意轩、碧静堂、含青斋、玉岑精舍、文津阁、宜照斋、山近轩、狮子园、喀喇河屯行宫、王家营行宫、常山峪行宫、巴克什营行宫、两间房行宫、钓鱼台行宫、黄土坎行宫、中关行宫、什巴尔台行宫、波罗河屯行宫、张三营行宫、济尔哈朗图行宫、阿穆呼朗图行宫
《钦定盘山志》	盘山全图、行宫全图、静寄山庄、太古云岚、层岩飞翠、清虚玉宇、镜圆常照、众音松吹、四面芙蓉、贞观遗踪、天成寺、万松寺、舞剑台、盘古寺、云罩寺、紫盖峰、千相寺、浮石舫、半天楼、池上居、农乐轩、雨花室、泠然阁、小普陀、古中盘、上方寺、少林寺、云净寺、东竺庵、东甘涧、西甘涧、莲花峰、双峰寺、法藏寺、青峰寺、天香寺、感化寺、先师台、水月庵、白岩寺
《西湖志》	西湖全图、圣因寺图、苏堤春晓、双峰插云、柳浪闻莺、花港观鱼、曲院风荷、平湖秋月、南屏晚钟、三潭印月、雷峰夕照、断桥残雪、六桥烟柳、九里云松、灵石樵歌、冷泉猿啸、葛岭朝曦、孤山霁雪、北关夜市、浙江秋涛、云峰四照、关帝祠图、惠献贝子祠图、湖山春社、功德崇坊、玉带晴虹、海霞西爽、梅林归鹤、鱼沼秋蓉、莲池松舍、宝石凤亭、亭湾骑射、蕉石鸣琴、玉泉鱼跃、凤岭松涛、湖心平眺、吴山大观、天竺香市、云栖梵径、韬光观海、西溪探梅

山西五台山，因夏季清凉，又名清凉山，不仅是避暑胜地，还是佛教圣地，乾隆、嘉庆曾巡幸五台山并建有行宫设施。乾隆五十年（1785），武英殿刊行有《钦定清凉山志》，包括圣制、天章、巡典、佛迹、名胜、寺院等共二十二卷，其中的版画插图以清凉山园林名胜为主

图 2-4-8　清代《钦定热河志》插图——《水心榭》

题，镌刻技艺高超，是清前期园林图像中的精品。

《摄山志》为清代南京方志，由陈毅编纂、苏州郡守汪志伊删补、钱大昕考订，乾隆五十五年(1790)汪志伊刊印。摄山即为栖霞山，紧靠长江，风光秀丽，古刹云集，历代文人墨客以栖霞山名胜为主题创作了大量的艺术作品。栖霞山建有行宫，是康熙、乾隆南巡的驻跸之处。《摄山志》共分八卷，内有栖霞行宫、彩虹明镜、玲峰池、紫峰阁、万松山房、幽居庵、天开岩、叠浪崖、德云庵、珍珠泉等园林名胜木刻版画图版，绘者与刻工均不详。

康熙、乾隆都曾数次南巡。清宫廷有一批巡幸、盛典类图像，主要是记录皇帝出京巡幸的盛况和沿途的景观及风土人情。著名画家王翚担任宫廷画师后，开始主持康熙南巡图的绘制工作。康熙三十年（1691），王翚、杨晋等绘制了《康熙南巡图》，全图共十二卷，每卷纵67.8厘米，横1555至2612.6厘米不等，绢本工笔设色彩画，描绘了康熙第二次南巡所经过的城池、河湖、名胜、山川、寺庙等，笔法细腻、场景宏大、刻画精微，是宫廷画中的巨制。

乾隆帝于乾隆十六年（1751）、乾隆二十二年（1757）、乾隆二十七年（1762）、乾隆三十年（1765）、乾隆四十五年（1780）、乾隆四十九年（1784）六次巡幸江南。由两江总督高晋等人编纂、乾隆三十六年（1771）刊刻的《南巡盛典》，记载了前四次南巡的情况。全书共分一百二十卷，分为恩纶、天章、蠲除、河防、海塘、祀典、褒赏、名胜等篇，其中《名胜》篇图版三百一十幅，由画家上官周等主持绘图，描绘了直隶、山东、江苏、浙江南巡沿线的名山大川、园林名胜、寺庙道观和行宫别墅。刻工刀法精良，图绘精美，刻画精细，是乾隆时期华东地区重要园林景观的图像集成①。

嘉庆十六年（1811），嘉庆帝出京西巡，远至五台山。回京后董诰等奉旨在《钦定清凉山志》的基础上编修《西巡盛典》，次年由武英殿刊行。该书共计二十卷，《程途》等部分章节附有版刻图绘，记录了嘉庆西巡沿途的建筑、园林和名胜景观（表2-4-2）。尽管版刻水平低于《南巡盛典》，但是景观描绘细微，镌刻尚可，是清中期北京至五台山一线重要的园林图像②。

---

① 高晋.南巡盛典名胜图录[M].苏州：古吴轩出版社，1999.
② 翁连溪.清代宫廷版画[M].北京：文物出版社，2001.

表 2-4-2 《南巡盛典》《西巡盛典》中的园林名胜图版名称

典籍名称	图版名称
《南巡盛典》	卢沟桥、郊劳台、宏恩寺、永济桥、涿州行宫、紫泉行宫、赵北口行宫、思贤村行宫、太平庄行宫、红杏园行宫、绛河行宫、开福寺、德州行宫、晏子祠行宫、灵岩行宫、泰岳、红门、玉皇庙、朝阳洞、岱顶行宫、岱庙、四贤祠行宫、孔庙、古泮池行宫、孔林、孟庙、泉林行宫、万松山行宫、郯子花园行宫、南池、太白楼、分水口、光岳楼、无为观、四女寺、顺河集行宫、陈家庄行宫、惠济祠、香阜寺、竹西芳径、天宁寺行宫、慧因寺、倚虹园、净香园、趣园、水竹居、功德山、小香雪、法净寺、平山堂、高詠楼、莲性寺、九峰园、邗上农桑、高旻寺行宫、锦春园、金山、焦山、钱家港行宫、甘露寺、舣舟亭、惠山、寄畅园、苏州府行宫、沧浪亭、狮子林、虎丘、灵岩山、邓尉山、香雪海、支硎山、华山、寒山别墅、千尺雪、法螺寺、高义园、穹窿山、石湖、治平寺、上方山、龙潭行宫、宝华山、栖霞寺、栖霞行宫、玲峰池、紫峰阁、万松山房、天开岩、幽居庵、叠浪崖、德云庵、珍珠泉、彩虹明镜、燕子矶、后湖、江宁行宫、报恩寺、雨花台、朝天宫、清凉山、鸡鸣山、灵岩寺、牛首山、祖堂山、云龙山、烟雨楼、杭州府行宫、西湖行宫、苏堤春晓、柳浪闻莺、花港观鱼、曲院风荷、双峰插云、雷峰夕照、三潭印月、平湖秋月、南屏晚钟、断桥残雪、湖心平眺、吴山大观、湖山春社、浙江秋涛、梅林归鹤、玉泉鱼跃、玉带晴虹、天竺香市、云栖寺、蕉石鸣琴、冷泉猿啸、敷文书院、韬光观海、北高峰、云林寺、六合塔、昭庆寺、理安寺、虎跑泉、水乐洞、宗阳宫、小有天园、法云寺、瑞石洞、黄山积翠、留余山庄、漪园、吟香别业、龙井、凤凰山、六一泉、大佛寺、安澜园、镇海塔院、禹陵、南镇、兰亭
《西巡盛典》	黄兴庄、半壁店、河神祠、普佑寺、大教场、招提寺、印石寺、长城岭、东台、西台、南台、北台、中台、涌泉寺、台麓寺、白云寺、台怀镇、镇海寺、殊像寺、菩萨顶大文殊寺、金刚窟、普乐院、罗睺寺、大显通寺、大塔院寺、寿宁寺、玉花池、临漪亭、莲花池、紫泉河、药王店、宏恩寺

康熙至乾隆时期，江南扬州、苏州、徽州、杭州、金陵等地依旧是私家园林和风景名胜的营造中心与荟萃之地，广东的名胜也有了一定的开发。以水墨画和木刻版画插图为媒介，民间的文人画家和书坊刻工生产了众多以南方园林名胜为主题的园林图像。

乾隆年间（1736—1795），扬州因京杭大运河水运便利，成为南北漕运的要冲、商业中心城市。大量盐商在此定居经商，争相营造私宅园林，扬州因此成为园林营造的中心。围绕扬州园林，出现了一批园林图像，其中尤以乾隆年间的图像最多。

　　乾隆三十年(1765)，《平山堂图志》刊刻。该书由赵之璧撰写，分为两卷，其中的木刻版画插图一百三十二幅图版，采用多页连式，描绘了蜀冈至瘦西湖沿岸的园林名胜。乾隆年间刊刻的《广陵名胜全图》，编者、绘图者、刻工均不详，共有木刻版画四十八幅，以扬州诸名胜景点为主题，手法细腻、透视感强、主体突出，背景较为简略，在植物和山石刻画上能表现出底稿图画中文人画的笔意(图2-4-9)。《江南园林胜景图》作于乾隆四十九年(1784)左右，共计四十二幅，工笔设色画。该图册所选择的景点、构图、视点和《广陵名胜全图》相近，只是除了材料不同以外，具体所刻画的建筑亭廊、山体植被形象与位置也多有不同。

图2-4-9　清代《广陵名胜全图》插图

李斗撰写、袁枚作序的《扬州画舫录》于乾隆六十年(1795)刊刻，全书共十八卷，内容基本为关于扬州的风土人情、戏曲杂谈①，其中扬州园林名胜图像的木刻版画插图二十八幅，采用双面连式，山石亭馆等描绘较为精细，能透过镌刻刀法体现绘图者的画风笔意。

清代苏州的私家造园活动非常普及，很多风景名胜也得到充分的开发。康熙、乾隆南巡均路过苏州，不仅在一定程度上促进了苏州的风景开发，还提升了苏州园林名胜的知名度。

明末刑部右侍郎王心一辞官归隐后，购得拙政园东侧的一块田地，将其改造为宅园"归田园居"。康熙三十五年(1696)，画家柳遇应王氏后人邀请创作《兰雪堂图》。该图为横卷，绢本上色，纵32.8厘米，横164.5厘米，以归田园居主堂兰雪堂为焦点②，描绘了园林主要部分的构成、建筑、置石、植被以及人物活动。柳遇曾师从仇英，《兰雪堂图》风格瑰丽、色彩明快、刻画细微，继承了仇英工笔山水画清丽精绝的风格，尤其是建筑物形态构造的刻画非常细密，在工整细致程度上不亚于界画，同时未失去文人画的趣味。

绣谷是顺治年间(1644—1661)苏州举人蒋垓所建的宅园，后数易其主。蒋垓后人蒋深是文人仕宦，重得此园，常在此举行文人雅集活动。康熙朝苏州画家上睿于康熙三十八年(1699)作有《绣谷送春图》。该图为绢本设色，横107厘米，纵32.7厘米，描绘了绣谷的厅堂、植被、置石，以及文人相聚在其中举行送春会的活动。画幅中建筑比重较大，采取了界画工整严谨的画法，植被以巨松为主，描绘精微。画面总体色彩雅致，人物形象生动。创作过《康熙南巡图》的王翚与蒋深交往较深，

---

① 李斗.扬州画舫录:插图本[M].王军,评注.北京:中华书局,2007.
② 董寿琪.苏州园林山水画选[M].上海:上海三联书店,2007.

《绣谷送春图》有王翚的题跋(图 2-4-10)①。

图 2-4-10 清代《绣谷送春图》局部

沧浪亭始建于宋朝,为北宋文人苏舜钦所建,是苏州具有代表性的园林名胜。王翚于康熙三十九年(1700)画有《沧浪亭图》。该图为横披,纵 33.4 厘米,横 132.4 厘米,纸本设色②。画面采用高视点全景式构图,以沧浪亭为焦点,将周围的池沼水系、山体植被和廊台楼榭尽收画中,且用墨主次分明、层次丰富,充分发挥了王翚浅绛山水画的特色。除了王翚的画作以外,《南巡盛典》中也有沧浪亭图版。

常熟在明清时期均隶属于苏州府。常熟境内的虞山是风景名胜之地,其自然景观与人文景观成为文人墨客和画家诗文与描画的主题,并孕育了虞山画派。清初大画家王鉴作有《虞山十景册》,纸本册页,共有十开,每幅横 25.6 厘米,纵 18 厘米,有《大海回澜》《桃源春涧》《西城

---

① 苏州园林山水画选:86、87.
② 苏州园林山水画选:90、91.

楼阁》《昭明书台》《拂水层峦》《维摩宝树》《湖桥夜月》《吾谷丹枫》《云护龙祠》《藤溪积雪》十幅景图。十幅景图中有七幅为浅绛、两幅为青绿、一幅为墨笔,笔法圆浑有古意,是清初山水画中的精品[①]。

清初安徽太平府辖有当涂、芜湖、繁昌三地,区内山清水秀、风光秀丽,有众多的风景名胜。《太平山水图画》是记录太平府三地山水名胜的木刻版画园林图像集。该图画集刊刻于顺治年间,由怀古堂刊印,清初著名画家萧云从绘制画稿,徽人刻工汤尚、汤义、刘荣等镌刻。全图集包括太平山水全图一幅,当涂名胜十五幅,芜湖名胜十四幅,繁昌名胜十三幅图版(表2-4-3)。萧云从所绘每幅图版的笔法与构图均不同,各幅题跋均表明所仿照的前辈大家风格。

表2-4-3 《太平山水图画》中的园林名胜图版名称

地名	图版名称
当涂	青山图、东田图、采石图、牛渚矶图、望夫山图、黄山图、天宁山图、白纻山图、景山图、尼坡图、龙山图、横望山图、灵墟山图、褐山图、杨家渡图
芜湖	玩鞭亭图、石人渡图、赭山图、神山春雨图、范萝山图、荆山图、灵泽矶图、白马山图、行春圩图、鹤儿山图、东皋梦日亭、吴波亭图、江屿古梅之图、雄观亭图
繁昌	双桂峰图、洗砚池图、五峰图、隐玉山图、凤凰山图、覆釜山图、灵山图、三山图、坂子矶图、繁浦图、峨桥图、荻浦归帆图、北园载酒图

歙县为徽州府治所,县域范围内有黄山、白岳等众多的风景名胜。乾隆年间,阮溪水香园刊刻的《古歙山川图》是关于歙县山川名胜的图像集。该图集图版为双页连式,由清前期著名画家吴逸勾绘底稿,笔法以模仿前人为主,但不失生动。

清代杭州的园林名胜图像依旧围绕西湖景观和人物活动展开。以西湖特定景点为主题的水墨图像有刘度《雷峰塔图》、蓝深《雷峰夕照图》、

---

① 苏州博物馆.苏州博物馆藏明清书画[M].北京:文物出版社,2006:114.

奚冠《西湖春晓图》、钱维城《孤山余韵图》、张宗苍《西湖行宫八景图》、施文锦《雷峰夕照图》等；以西湖十景为主题的水墨图像有刘度《西湖十景图》、王原祁《西湖十景图》、永瑢《西湖十景图》、董诰《西湖十景图》等。西湖十景主题的图像形式基本为册页和横卷，单个景点主题的图像形式有横卷和立轴①。

其中，以雷峰塔为主题的有《雷峰塔图》和两幅《雷峰夕照图》。雷峰塔是西湖十景之一，也是西湖边重要的制高点与视觉焦点，更容易成为绘画的主题。西湖北的孤山为康熙行宫所在，曾是北宋文人林和靖隐居赏梅放鹤之处，因此以孤山为主题的有《孤山余韵图》和《西湖行宫八景图》，另外还有金昆《孤山放鹤图》。

清代金陵园林名胜首推金陵四十景。清初《金陵四十景图》由活跃在南京的画家高岑绘制，以金陵四十景为主题，每景一图，是清初金陵园林名胜的图像集。该图集由刻工镌刻成版画，被收录入江宁知府陈开虞编纂的《康熙江宁府志》中的《图纪》，各幅图为双页连式，该书于康熙七年(1668)刊刻。

乾隆年间进士李调元曾任广东学政，归隐后著有多部戏曲理论著作，并著有《粤东笔记》十六卷。该书主要记录了广东的风土人情，卷首有《海珠夜月》《大通烟雨》《白云晚望》《蒲涧濂泉》《景泰僧归》《石门返照》《金山古寺》《波萝沐日》共计八幅木刻版画，描绘了粤东八个代表性景观。

第二阶段为嘉庆时期至清末。这一阶段，皇家园林营造较少，道光之后由于财力枯竭，相继撤销了一些皇家园林的机构设置。相较于康乾

---

① 杭州西湖博物馆.历代西湖书画集[M].杭州:杭州出版社,2010.

时期，这一阶段宫廷绘画和版画的质量与数量也下降很多，没有出现代表性的宫廷园林图像。而民间造园基本未受影响，扬州、苏州、金陵的造园依旧发达，广东、上海的园林名胜得到了开发，地域画派主导了地方园林名胜图像的创作。随着人口增加、交通发展，各地的山川名胜受到大量的开发，出现了一批带有自传、游记性质的版刻园林名胜插图。

清中期以后代表性的扬州园林图像不再以木刻版画为主，而是多为水墨画。"扬州八怪"皆是著名的文人画家，"八怪"之一的高翔作有《弹指阁图》。弹指阁位于天宁寺西，是以竹林、老树为特色的园林景观。《弹指阁图》为立轴形式，兼有写实与写意的风格，用笔意味强烈，是一幅格调秀雅别致的园林小品图像。

以单个扬州园林为主题的代表性图像，首推晚清时期的《棣园全图》。棣园位于扬州城花园巷，始建于清初，曾名为"小方壶""驻春园"。《棣园全图》又名《棣园十六景图册》，是晚清扬州画家王素①于1847年所作，纸本上色画，包括《絮兰称寿》《沁春寻景》《玲珑拜石》《曲沼观鱼》《洛卉依廊》《梅馆讨春》等十六幅以棣园内不同景致为主题的水墨画，画风较为写实，兼有文人画用笔的意味，格调清秀典雅（图2-4-11）。

晚清时期，除了《棣园十六景图册》以外，画家裴恺作有《熙春台消夏》，杨昌绪作有《邗沟昏月图》，李墅作有《五亭桥图》，陈康侯作有《大虹桥图》。其中，《熙春台消夏》为图轴，《邗沟昏月图》为横披，《五亭桥图》为团扇页，《大虹桥图》为扇页，风格为设色水墨山水画，扬州园林图像形式进一步多样化。

---

① 王素（1794—1877年），字小梅，扬州画家，"扬州十小"之一。擅长仕女画、花鸟画，曾师从鲍芥田、新罗山人。

图 2-4-11　（清）王素《棣园十六景图册》——《沁春寻景》

道光年间(1821—1850)关于苏州园林的代表性图像长卷是张崟[1]的画作《临顿新居第三图》。该图为张崟赠予潘曾沂的画作，横卷纸本设色，纵 24 厘米，横 200.5 厘米，以凤池园园景为主题。凤池园是康熙年(1662—1722)顾汧辞官归隐后所营造的宅园，后来屡易其主，道光年间潘世恩购得一部分地皮，重建了凤池园。潘世恩之子潘曾沂继承了凤池园，常在此与四方文人好友相聚[2]。图像采取高视点和散点透视方法，将凤池园的建筑、池沼、山坡等巧妙搭配组合进长卷的画幅之中，在构图和立意上气势恢宏，丝毫没有宅园的局限之感。作者利用色彩和用墨

①　张崟(1761—1829 年)，字宝崖，号夕庵，清代中晚期镇江派画家。
②　苏州园林山水画选：94、95.

的远近虚实对比，不仅较好地呈现了凤池园的空间构成，也渲染了园林的人文氛围，烘托出园主的精神追求。

清中期以后，虞山十景扩大为十八景。清末画家吴谷祥绘有《虞山十八景册》，共计十八开，各幅纵 27.2 厘米、横 28 厘米，用笔用色有清逸之感。而光绪年间（1875—1908）刊刻的木刻版画《虞山十八景画册》，同样是以晚清时期虞山十八景为主题，个别名称有所变化，在绘图和刻工上则较为粗糙。

金陵的愚园是晚清时期著名的私家园林。愚园又称为"胡家花园"，是明初中山王徐达后裔的别业，后屡易其主，逐渐衰败。后来，胡恩燮购得此地，营造了愚园。其子胡国光作有《白下愚园集》，其中有木版插图两幅，以鸟瞰视点、全景式地表现了愚园的全貌。图版刻画细腻、刻法熟练，写实性强，是这座晚清金陵名园仅存的图像。

清末徐虎绘有《金陵四十八景图》，在原有四十景的基础上增加了八景。该图集每景一图，各图题有文字以说明该景观的特征。光绪十三年（1887），该图集镌刻成铜版刊印。铜版图像笔法细腻，表现精微，是清末罕见的高水平铜版画园林图像。

《西樵游览记》为晚清刘子秀所撰，全书九卷，道光年间刊印。该书主要记录西樵山的山川名胜景点和游览感受。西樵山位于南粤，是著名的"理学名山""道学名山"。自明代正德、嘉靖时期起，山上建有四大书院，四方前来求学讲游的络绎不绝①。《西樵游览记》中，包括《大科峰图》《东四峰图》《狮子洞图》《云谷图》《喷玉岩图》《宝林洞图》《九龙洞图》《南四峰图》《凤凰台图》等木刻插图多幅，多为双面连式，描绘了西

———————————

① 参见：任建敏. 岭南"理学名山"：明代西樵山的四大书院［EB/OL］.［2015-07-23］. http://lingnanculture. sysu. edu. cn/news/201404/14050215385. html.

樵山各个名胜的山脉走向、建筑形态、瀑布流水、植被田野等景观面貌（图 2-4-12）。

图 2-4-12　清代《西樵游览记》插图

文园和绿净园是如东汪氏家族的私家园林，在当地久负盛名。文园始建于康熙年间，后经由汪澹庵、汪之珩、汪为霖等数代人的刻意经营和悉心打造，成为当地的名园和众多文人雅士相聚交往的场所。乾隆末年，汪为霖在文园附近营造绿净园，园内多修竹，充满文人趣味。汪氏后人汪承镛请人绘成《文园十景图》和《绿净园四景图》，于道光二十年（1840）将景图与其所写的题记合并成《汪氏两园图咏合刻》一同刊出。图版为双页连式，共计十四幅图像，刻工细腻，写实性很强，笔法不失灵动。

《申江胜景图》刊行于光绪十年（1884），点石斋①石印本，作者为点

---

① 点石斋为上海的出版机构，成立于 1884 年。Stella Yu lee. 19 世纪上海的艺术赞助［M］//李铸晋. 中国画家与赞助人. 天津：天津人民美术出版社，2013：198.

石斋画家吴友如。该图册分两卷，内含六十余幅图像，描绘晚清上海市容风貌，其中有《豫园湖心亭》《邑廓内园》《也是园》《港北花园》《申园》等图版，是晚清上海园林的珍贵图像①。

游记、自传性质的插图类园林图像主要有《泛槎图》《花甲闲谈》和《鸿雪因缘图记》。《泛槎图》始刊于嘉庆二十四年(1819)，张宝绘图并编纂。张宝是南京人，自幼习画且喜好游历山水，以其一生游历为线索，编成《泛槎图》。该图集实为纪游体图记，前后共编有六卷，绘图一百零三幅，由上古斋张太古镌刻。张宝乃书画全才，所绘图以所见山川名胜为主题，仿照名家笔法，构图绝妙、画艺精湛。该图集镌刻手法高明，是当世代表性的木刻版画山水图像。

道光十九年(1839)，广西富文斋刊刻《花甲闲谈》。该书由张维屏编纂，全书十六卷，写绘其一生游历。书中有《罗浮揽胜》《黄河晓渡》《赤壁夜游》等三十二幅版画图像，由叶春生绘图，描绘各地风景名胜，镌刻绘图皆精妙。

《鸿雪因缘图记》为清朝内务府旗人完颜氏麟庆编纂，道光二十七年(1847)刊刻。麟庆家族为清廷内务府世家，麟庆自小随其父和祖父走南闯北，其出仕后足迹遍布大江南北，见闻极其丰富。《鸿雪因缘图记》主要记录其身世和经历，全书分三集，每集八十幅插图，由汪春泉等人绘图②。插图中有大量各地的园林名胜图像，画风较为写实，是重要的园林史料(表2-4-4)。

---

① 吴友如.申江胜景图[M].扬州：广陵书社,2007.
② 麟庆,汪春泉.鸿雪因缘图记[M].北京：国家图书馆出版社,2011:1-10.

表 2-4-4 《泛槎图》《花甲闲谈》《鸿雪因缘图记》中的园林名胜图版

典籍名称	图版名称
《泛槎图》	紫琅香市、双山毓秀、万水朝宗、会仙留迹、桂林泊棹、西楼顾曲、天关趋樵、东园小饮、华山参禅、隐仙听琴、雨花遇雨、钟阜穿云、翠微环眺、瀛海留春、武当梦游、东瓯吊古、岫云折桂、禹陵谒呈、兰亭问津、虹桥修禊、邓尉香雪、黄湾访僧、九华拜佛、家园宴乐、东城赏荷、西湖春泛、仙瀛分韵、滕阁看霞、虎阜纳凉、黄鹤晚眺、罗浮访梅、岱峰观日、大观赏月、盘山叠嶂、韩岭悲风、帝城春色、昆明聚秀、邛水寻春、卢沟晓骑、秦淮留别、浮玉观潮
《花甲闲谈》	桐屋受经、松庐把卷、罗浮揽胜、庾岭冲寒、杭寺梵钟、苏台镫舫、洞庭雪櫂、扬子风骚、乡园旧雨、京国古风、香阁怀仙、灯龛伴佛、三度趋朝、五番锁院、黄河晓渡、赤壁夜游、江汉飞凫、襄樊驻马、黄梅集雁、建昌捕蝗、天津望梅、天池看云、青原访碑、匡庐观瀑、鹤楼转饷、鹿洞讲书、快阁携琴、章江泛宅、荆渚烟波、桂林岩洞、珠海唱霞、花邨种菜
《鸿雪因缘图记》	五塔观乐、秘魔三宿、猗轩流觞、戒台玩松、诗龛叙姻、架松卜吉、仙桥敷土、赐茎来象、双仙贺厦、半亩营园、金鳌归里、津门竞渡、临清社火、分水观汶、竹舫邀影、汎舟安内、江北督师、康山拂槎、汪园问花、石公验炮、金山操江、桃泉煮茗、叙德书情、绿野泛舟、文汇读书、梅花校士、龙门湖市、东园探梅、荷亭纳凉、赏春开宴、氾光证梦、谦豫编图、桃庵雅叙、咏楼话旧、别峰寻迳、焦山放龟、甘露凌云、妙高望月、高明读画、西园赏雪、惠济呈鱼、平成济美、清晏受福、飞云揽胜、牟珠探洞、扶风春钱、狮岩趺坐、水口参灯、翠屏放牛、甲秀赏秋、黔灵验泉、元妙寻蕉、椹涧望云、铁塔眺远、榴厅治书、梁苑咏雪、帝城展观、吹台访古、苏门咏泉、羲陵谒圣、桃谷奉舆、芳村献茶、始信觇松、慈光问径、祁阊勒碑、古关式隐、白岳祈年、翠微问月、莫愁寻诗、随园访胜、燕子扬帆、红桥探春、梦芗谈易、檀柘寻秋、伊阙证游、孔林展谒、郡园召鹤、风阁吟花、天一观书、兰亭寻胜、虎丘述德、昆明望春、永嘉登塔、西溪巡梅、禹穴征奇、石梁悬瀑、六和避险、玉泉引鱼、钱塘观潮、慈云寻梦、董墓尝桃、卧佛遇雨、碧云抚狮、大觉卧游、龙潭感圣、玉泉试茗、旍檀纪瑞、婳嬛藏书、天坛采药、夕照飞铙、近光佇月、邯郸说梦、藏园话月、黄庙养疴、相国感荫、同春听筝、卫辉观碣、汤山坐泉、云罩登峰、退思夜读、焕文写像

第五节 园林的营造

园林营造首先应选址，考察地理地势和水体的位置和流向。其次的营造内容包括建筑营造、筑山理水和栽种植被。中国园林建筑种类繁多，包括殿宇、舫、楼、阁、厅、堂、台、馆、廊、亭、榭等。皇家园林中，殿宇是中心建筑。私家园林中，厅、堂是中心建筑，包括鸳鸯厅、荷花厅、四面厅、花厅、门厅、轿厅等类型，轩、馆是位于次要位置的厅堂建筑。楼、阁大多为两层，是园林的视觉焦点，具有观景、读书、藏书、居住等功能。榭、舫为临水建筑，用于观赏水景、喝茶会友。亭子是园林中最常见的建筑，体量较小，在造型上又分为圆亭、四方亭、六角亭、八角亭、重檐亭等，往往位于重要的观景点，视野通透，是园林中休憩和观景的场所。廊是园林中通行和游赏的线路，兼有挡风、遮阳、避雨的功能。园林的廊按所处位置划分包括爬山廊、水廊、楼廊，按照形式划分又包括复廊、波形廊、回廊、曲廊等。

宫廷建筑、陵墓、衙署、邸宅等大多是严整、对称、均衡的格局，而园林建筑往往讲究空间的通透，与植物、假山、水体形成紧密的嵌合关系，建筑融入园林整体的意境之中。在布局和形态上，园林建筑讲究高低错落、回环曲折。通过与周边环境的结合，一种建筑物往往划分出不同的形态。比如园林中的廊，既可以连接厅堂建筑物，又可以作为游赏观景的线路，与理水相结合形成水廊和波形廊，与筑山相结合形成爬山廊。

筑山叠石是主要的造园活动，几乎所有的园林都有山石。筑山堆砌的是假山，将天然石块堆砌成假山的技术称为"叠石"。园林假山是对自然界山石的模仿，通过多样的构图和技术，将不同形状、纹理、色泽的石块堆砌成为山的各种造型：峰、峦、峭壁、崖、岭、谷等。叠石以外，还有将整块山石陈设在室之外用于观赏，称为"置石"，以一两块石头作为点缀主体的，称为"特置"，所置山石称为"厅山"。还有的园林将山石镶嵌在墙壁中，宛如浮雕，形成特殊的景观。

水是园林景观中重要的构成因素。从北方皇家园林到南方私家园林，从大规模囿苑到小型宅园，都注重对水体的运用。水体形态有动态和静态，形式布局上有集中和分散之分，其循环流动的特征符合道家主张的清静无为、阴阳和谐的意境。园林中的水体尽量模仿自然界中的溪流、瀑布、泉、河等各种形态，往往与筑山相互组合，形成山水景观。

本节摘录两篇文献，分别为"园冶·相地"和"《长物志》中的理水之法"，均源自中国造园古籍和古典文献。"园冶·相地"是古人对于造园相地的经验总结，理水与叠山相辅相成，构成了园林中的自然性内容。"《长物志》中的理水之法"是中国园林文献《长物志》中对于园林中水体布置方式的总结。

文献选编

园冶·相地

《园冶》是我国古代最重要的园林著作，成书于崇祯四年（1631年），刊行于崇祯七年（1634年），作者为计成。该书主要内容为造园的选址和规划、建筑的选址和营造、装修、栏杆、掇山、选石、铺地、借景等方面，包含了大量的营造法则和实用工艺，为后世造园提供了理论与实践依据。全书包括冶叙（阮大铖）、题词（郑元勋）、自序（计成）在内共分三卷，约一万四千字，并附有各类图样。

卷一：冶叙、题词、自序、兴造论、园说、相地、立基、屋宇、装折，并附有屋宇梁架、地图、木门扇和风窗图样。

卷二：栏杆，附有栏杆图样。

卷三：门窗、墙垣、铺地、掇山、选石、借景，附门窗洞、漏砖墙和铺地图样。

计成是明末松陵（即今江苏吴江）人，字无否，号否道人。计成造园生涯中主要园林作品有四个：吴玄的东第园、汪士衡的寤园、阮大铖的石巢园以及郑元勋的影园。本文摘录自《园冶·相地》，主要阐述了作者关于园林选址的观点。

园基不拘方向，地势自有高低；涉门成趣，得景随形，或傍山林，欲通河沼。探奇近郭，远来往之通衢；选胜落村，藉参差之深树。村庄眺野，城市便家。新筑易乎开基，只可栽杨移竹；旧园妙于翻造，自然古木繁花。如方如圆，似偏似曲；如长弯而环璧，似偏阔以铺云。高方欲就亭台，低凹可开池沼；卜筑贵从水面，立基先究源头，疏源之去由，察水之来历。临溪越地，虚阁堪支；夹巷借天，浮廊可度。倘嵌他人之胜，有一线相通，非为间绝，借景偏宜；若对邻氏之花，才几分消息，可以招呼，收春无尽。架桥通隔水，别馆堪图；聚石垒围墙，居山可拟。多年树木，碍筑檐垣；让一步可以立根，斫数桠不妨封顶。斯谓雕栋飞楹构易，荫槐挺玉成难。相地合宜，构园得体。

《长物志》中的理水之法

《长物志》是明代一本介绍园林陈设器物和园林建筑的著作。"长物"，是指多余的东西，即身外余物之意。文震亨以"长物"为书名，一方面表现了自己身逢乱世，对身外余物淡泊的心境，另一方面也向大家表明，书中所论述之物皆为文人欣赏把玩的事物，并非不可缺少的生活用品，所谓"寒不可衣，饥不可食"。《长物志》集中体现了明代中晚期文人士大夫崇尚的雅趣、对自然审美的追求，是对晚明士大夫生活方式的总结，堪称晚明士大夫生活的"百科全书"。

全书十二卷，每卷分多则子目，涵盖了制器、栽植、造园学科，包含了衣、食、住、行、用、游等多方面内容。与园林直接有关的为室庐、花木、水石、禽鱼、蔬果五卷，其余七卷书画、几榻、器具、衣饰、舟车、位置、香茗与园林有间接的关系。

卷一·室庐：此卷介绍了门、阶、窗、栏杆、照壁、茶室、琴室等建筑要素的形态与做法，总结了建造室庐的做法。

卷二·花木：主要包括牡丹、芍药、玉兰、海棠等共 45 个品种的花木，此外还有作者对瓶花和盆玩的介绍和见解。

卷三·水石：此卷分为水和石两个部分，作者认为园林中水、石最不可或缺。水的部分对瀑布、凿井、天泉、地泉等不同种类的水进行划分和评价，石的部分对数十种不同产地的石进行比较和点评。

卷四·禽鱼：介绍了不同种类的鸟、鱼以及赏鱼的方式、养鱼的器皿。

卷五·书画：对如何欣赏、保存、装裱书画进行一一介绍。

卷六·几榻：介绍了不同种类的室内家具。

卷七·器具：从钟、鼎、刀、剑、盘到笔、墨、纸、砚等，种类繁多，做工精巧。

卷八·衣饰：介绍了不同类型的服饰，包括道服、禅衣、冠、巾、履等。

卷九·舟车：包括巾车、篮舆、舟和小船四种。

卷十·位置：介绍了室内各类家具和装饰物的摆放和空间布局。

卷十一·蔬果：此卷介绍了各类蔬菜水果的形态、口感和功效。

卷十二·香茗：此卷分为香、茗两个部分，逐一介绍不同种类香、茗的特点以及焚香、烹茶方法。

作者文震亨（1585—1645 年），字启美，江苏苏州人，明末画家，擅长园林设计，是明代书画家文徵明的曾孙。天启五年（1625 年）恩贡，崇祯初为中书舍人，给事武英殿。明亡，绝粒死，年六十一，谥节愍。代表作《长物志》为传世之作，并著有《香草诗选》《王文恪公怡老园记》《开读传信》《文生小草》等。

本文摘录自《长物志》卷三，是该书中阐述理水的内容，标题为编者所加。文中将理水按照形态分为广池、小池、瀑布、凿井、天泉、地泉几类，总结了作者在营造水景方面的心得。

••••••••••

广池

凿池自亩以及顷，愈广愈胜。最广者，中可置台榭之属，或长堤横隔，汀蒲、岸苇杂植其中，一望无际，乃称巨浸。若须华整，以文石为岸，朱栏回绕，忌中留土，如俗名战鱼墩，或拟金焦之类。池傍植垂柳，忌桃杏间种。中畜凫雁，须十数为群，方有生意。最广处可置水阁，必如图画中者佳。忌置簟舍。于岸侧植藕花，削竹为阑，勿令蔓衍。忌荷叶满池，不见水色（图 2-5-1）。

图 2-5-1　寄畅园广池

（图片来源：编者自摄）

小池

阶前石畔凿一小池，必须湖石四围，泉清可见底。中畜朱鱼、翠藻，游泳可玩。四周树野藤、细竹，能掘地稍深，引泉脉者更佳，忌方圆八角诸式（图2-5-2～图2-5-4）。

图2-5-2 瞻园池沼

（图片来源：编者自摄）

图2-5-3 何园池沼

（图片来源：编者自摄）

图 2-5-4 拙政园水道

（图片来源：编者自摄）

瀑布

山居引泉，从高而下，为瀑布稍易，园林中欲作此，须截竹长短不一，尽承檐溜，暗接藏石蟏中，以斧劈石叠高，下凿小池承水，置石林立其下，雨中能令飞泉溅薄，潺湲有声，亦一奇也。尤宜竹间松下，青葱掩映，更自可观。亦有蓄水于山顶，客至去闸，水从空直注者，终不如雨中承溜为雅，盖总属人为，此尤近自然耳。

凿井

井水味浊，不可供烹煮；然浇花洗竹，涤砚拭几，俱不可缺。凿井须于竹树下，深见泉脉，上置辘轳引汲，不则盖一小亭覆之。石栏古号"银床"，取旧制最大而有古朴者置其上，井有神，井旁可置顽石，凿一小龛，遇岁时奠以清泉一杯，亦自有致。

天泉

秋水为上，梅水次之。秋水白而冽，梅水白而甘。春冬二水，春胜于冬，盖以和风甘雨，故夏月暴雨不宜，或因风雷蛟龙所致，最足伤人。雪为五谷之精，取以煎茶，最为幽况，然新者有土气，稍陈乃佳。承水用布，于中庭受之，不可用檐溜。

地泉

乳泉漫流如惠山泉为最胜，次取清寒者。泉不难于清，而难于寒，土多沙腻泥凝者，必不清寒。又有香而甘者，然甘易而香难，未有香而不甘者也。瀑涌湍急者勿食，食久令人有头疾。如庐山水帘、天台瀑布，以供耳目则可，入水品则不宜。温泉下生硫黄，亦非食品。

第六节　日本的造园

日本造园受日本民族特定文化与宗教的影响，以及中国、朝鲜半岛文化和先进工程技术影响，再加上列岛独特的气候地理环境，从而形成了独具一格的造园风格。据记载，早在大和时代营建的皇室居住的宫苑掖上池心宫、矶城瑞篱宫等，宫苑的形态和园内活动（如曲水宴等），就已受到中国园林的影响。飞鸟时代营造的藤原宫内庭，采用自然形水池和洲滨缓坡做法，具备了日本造园的原始特点。

794年，日本都城迁徙到平安京（今京都），城市的布局形态主要参考中国的都城模式。平安京内出现了模仿自然、反映自然景色为主题的"寝殿造"园林（高阳院、东三条殿等）。随着佛教末法思想的传播，平安后期，出现了以表现来世土地——净土为主题的"净土式庭园"，如平等院凤凰堂、毛越寺庭园等。

镰仓幕府时代，随着武士阶级强大和镰仓禅宗思想的传播，建造了大量的禅宗寺院。禅宗寺院内部，受本地自然环境和中国宋朝山水画思想的影响，产生了"枯山水"的庭园形式，如龙安寺、大德寺大仙院和西芳寺庭园。室町时代，大将军足利义满建造的金阁寺庭园，以金阁为主景，镜湖池中设置九山八海石组。

安土桃山时代，织田信长、丰臣秀吉等战国武将的庭园内，经常使用巨石、珍贵的树木造景，象征将军的权势（二丸庭园、三宝院庭园、本愿寺庭园等）。另一方面，千利休等发展了茶道，出现了自然朴素风格为主的草庵风茶室与茶亭，如京都不审庵和里千家。

江户时代初期，园外景观活用的"借景"手法在造园中出现，此后又发展出了综合前代园林形式与意图的回游式庭园。这一时期，不仅建造了大规模的皇家宫苑（桂离宫、修学院离宫等），各地的城下町封建领主的大名庭园也大量出现，著名的园林包括偕乐园、后乐园、兼六园、缩景园、六义园等。

寝殿造园林与枯山水是日本园林中最具有代表性的园林风格。本节选编编者所撰《寝殿造园林、枯山水》一文，回答了这两类日本园林风格形成的原因和特征。

文献选编

《 寝殿造园林、枯山水 》

寝殿造本是平安时代的贵族住宅式样，依附于这种住宅的园林即寝殿造园林，反映了居住环境中的秩序性和自然性。枯山水则出现于寺院环境中，是一种无水的庭园，受禅宗和山水画的影响，极具象征性。

由于版权问题，本教材无法直接选编日本造园的史料。特摘录编者所撰《日本环境设计史(上 古代、中世与近世的环境设计)》(南京大学出版社，2018年)第二章，该部分内容建立于编者梳理相关史料的基础上，阐述了寝殿造、枯山水园林的布局和风格特征。本文插图为原书插图，标题为编者所加。

....

平安京皇族与贵族的住宅建筑样式以"寝殿造"为代表，住宅主体建筑称为寝殿，往往为坐北朝南，正脊东西走向。两侧通过透渡殿与东西配殿相连，东侧配殿称为"东对"，西侧建筑称为"西对"，东对和西对各有中门廊向南延伸。寝殿采用桧皮屋面，主屋三至五间，地面抬高铺设木地板、榻榻米，四周加庇。地面向外伸展出挑台，绕以栏杆。殿内以竹帘、帷幕、屏风分隔空间。东对、西对的走向与寝殿主屋相反，正脊为南北向，悬山屋顶，山花面加设"唐披"，地板高度低于寝殿主屋。

....

京都的贵族庭园为寝殿造庭园。寝殿南为广庭，广庭南为池沼，池中有岛屿，岛上架反桥和平桥与两岸相连，池南有瀑布和堆山。池东西两侧各有临水的泉殿与钓殿，两殿与中门廊相接。泉殿与钓殿是赏月、纳凉、赏雪的场所，也是舟游登岸之处。寝殿、东对、西对、泉殿、钓殿通过透渡殿、中门廊构成半"回"字形，中间围合庭园。池沼的水源来自曲折的"遣水"，自北向南流经中门廊，将园外的水注入池中。寝殿造庭园在限定的空间中浓缩了泉、池、瀑布、树木、石头、小山坡等自然要素，将自然要素组织于出中池、中岛、中庭的环境空间构成中，有强烈的向心性秩序感。典型的寝殿造庭园有东三条殿、高阳院和崛河院等(图2-6-1)。

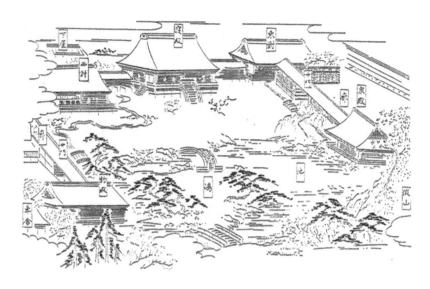

图 2-6-1 《家屋杂考》中的寝殿造图绘

（图片来源：武居二郎等著《庭園史をあるく—日本・ヨーロッパ編》第 33 页）

. . . .

禅宗讲究静修，禅宗寺院往往避开喧嚣的城市，选择营造在山野环境中，将优美的自然风景纳入修行者的视野之中，建筑物也趋向于朴素无华。禅宗寺院内的庭园以表现禅宗思想为基本内容，同时受到中国北宋山水画艺术的影响，从而衍生出了"枯山水"的庭园形式。枯山水是没有实际水景的庭园，尺度一般较小，运用沙砾、石材和植被营造出山水空间。枯山水在空间环境上没有轴线、内外的空间秩序，往往以某一固定的位置为观赏点，围绕观赏点展现出精致、精制性的庭园空间，在构图上又体现出山水画的美学特征。龙安寺庭院、大德寺大仙院和西芳寺庭园均是"枯山水"的代表作。

枯山水的空间景观构造属于"坐观式"，坐观式在书院造庭园里成为最基本的造景手法。书院造住宅里，园林分别附属于主要建筑，园林的布局和造型以建筑里的某一视点为中心展开，在构图上通过土坡、植被、砾石形成远、中、近景观层次和高低起伏变化。建筑中的位置关系代表着主次尊卑的社会关系，根据位置不同，视点可以分为主视点和次视点，分别对应不同等级的景观立面。

"咫尺千里"与"残山剩水"是枯山水手法的两大核心，均受到宋代山水画的影响。北宋山水画气势磅礴，擅长全景式描绘自然景物。如王希孟所作《千里江山图》，在有限的画面空间浓缩了千里江山。这种创作手法影响、形成了枯山水中的"咫尺千里"，即在限定的空间表现云海与名山。南宋时期山水画一改北宋全景构图，重点关注自然界的某一局部。12世纪后半叶南宋画家马远确立了这一画法，在画面中取自然景物一角，通过关联暗示画面外的景观。这种手法形成了枯山水中的"残山剩水"。

‥‥‥‥‥‥

大德寺位于京都紫野，北接贺茂川，南为船冈，西有鹰峰，原为赤松则村、赤松则祐所建，大灯国师为开山始祖。大灯国师名宗峰妙超，是博多崇福寺的主持，并创建了祐德寺。宗峰妙超在此建大德庵，叡山的玄惠法印等人受到宗峰妙超影响，改信禅宗，营造了大德寺方丈以及诸堂宇。‥‥‥‥

‥‥‥‥‥‥

龙源院庭园围绕方丈而建，分为南庭、"濠沱底"、北庭、"东滴壶"。方丈南庭又称为"一枝坦"，其名是为了纪念实传和尚赐予东溪禅师的"灵山一枝轩"室号。庭内曾经生长有一株产于中国、树龄七百余年的山茶花"杨贵妃"，可惜于昭和五十五年春天枯死。"一枝坦"是枯山水庭园，以白砂耙出波纹，砂中置有龟岛、鹤岛和蓬莱山三石组。"濠沱底"位于书院南轩，其名源于临济宗的发源地、中国河北镇州濠沱河。庭中石组据称来自丰臣秀吉的聚乐第。北庭又称为"龙吟庭"，据传为相阿弥所作，以三尊石构成须弥山，山前有遥拜石，以青苔象征大海。
"东滴壶"位于方丈东侧，夹在方丈与库里之间，是日本最小的枯山水庭
园。庭中以石组和砂石波纹表示水滴入水，汇入江河大海（图2-6-2～图
2-6-5）。

图2-6-2　龙源院方丈前庭"一枝坦"

图2-6-3　龙源院"一枝坦"中的蓬莱山与鹤岛

图 2-6-4 大德寺龙源院"滹沱底"石庭

图 2-6-5 龙源院龙吟庭

第三章　园林史的研究方法

第一节　研究方向与选题

在谈及选题之前，需要了解什么是园林史的学术写作。学术写作，顾名思义即学术化的写作方式。园林史的学术写作，就是围绕某一个园林史论观点或论题展开辨析和论证的过程，写作体裁包括读书笔记（报告）、学术论文、学术著作、学术评论。其中读书笔记（报告）是风景园林史研究中最基本的一种学术写作，常常作为研究起始的学术写作训练。读书笔记不是在读书过程中为做笔记而做的笔记，也不是摘抄金句，而是对所读文章学术脉络的把握。读书笔记的基本内容包括：梳理论文或者著作的总体逻辑，查阅材料来源，理解材料内容，把握作者采用的方法，总结作者提出的观点，阐述作者的论证过程和逻辑，结合方法的适宜性、论据的合理性、研究的脉络等写出自己的思考。学术论文是最常见、最典型的学术写作，进一步可细分为学位论文、学术期刊论文、学术会议论文等。不同类型的学术论文在具体写作中要求各异，侧重略有不同，总体而言，现代风景园林史论类学术论文结构包括以下几个部分：标题、作者、摘要、关键词、引言、文献综述、材料与方法、结果与分析、讨论和结论、参考文献等。学术著作是进行通史、断代史、专题史写作，或者围绕某一类园林史具体论题展开的较为深入的写作体裁，其内容一般应包括研究缘起、背景、研究综述、研究意义、研究方法、研究材料、分章论述、总结、参考文献等。

　　研究生在开展学术研究之前遇到的第一个问题就是选题，一个好的选题是研究成功的基础。选题的第一步，是确定研究方向和研究主题。学术研究过程往往持续时间较长，需要保证足够的精力投入其中，因此研究方向的选择宜充分结合个人的研究兴趣。研究生一般通过社会现象、专业书籍、网络资讯、实践经验、文献阅读等，结合自身专业知识积累来挖掘自己的研究兴趣；研究方向应与导师的研究专长一致，以保证能够获得研究导师的知识和智力支持。

　　在确定研究方向的基础上，逐渐聚焦到研究方向内的某个研究主题上。园林史的研究主题大致可分为地域性（区域性）园林历史研究、单个历史园林研究、风景资源研究、园林风格类型研究、园林史料研究、园林遗产保护和活化利用研究、营造技法研究等。每个主题又可以细分为子主题，如地域性园林历史研究包括北方园林、江南园林、岭南园林、日本造园、伊斯兰园林、南亚园林、意大利台地园、英国风景园、法国勒诺特尔式园林研究等。风景资源研究包括中国风景名胜区、日本国立公园、国家公园研究等。传统园林风格类型研究包括皇家园林、文人园林、寺观园林、枯山水、近代公园等研究。营造技法研究包括假山、园林建筑、植物造景研究等。

　　第二步，把研究主题明确为具体的研究问题。这一阶段需要树立问题意识，通过阅读一定量的文献资料，知晓该领域的研究现状，思考可能需要完善、值得进一步研究的角度。比如，自古以来南京佛教文化繁荣，然而通过对南京佛寺相关文献的梳理，发现现有研究多集中在现代佛寺建筑、景观要素和佛教文化方面，对于古代佛寺景观风貌研究较为稀少；因此选择古代佛寺的景观风貌展开研究，以期为南京佛寺景观的营造和文化传承提供借鉴，就成为了一个可考虑的选题。

第三步，确定研究的时空范围。研究选题需要有一定的适用范围，即特定的空间范围和时间范围。空间范围即研究区域，园林史研究中通常选择典型的社会人文或地理地貌区域，如黄河流域、江南地区等；或者行政机构划定的界线，如上海市、黄山风景区；或者特定的园林，如拙政园、避暑山庄等。时间范围即研究的时间界限，包括截面和历时两种类型。截面性研究即以某个时间点（段）为基础的研究，历时性研究是以多个时间节点为基础开展的演变性研究。无论截面性研究还是历时性研究，所选择的时间节点均应具有一定的代表和典型性。

第四步，确定研究难题。将找到的研究问题进一步与理论上具有普遍意义的难题结合，思考解决所提出的研究问题对于该领域研究的理论价值和意义。该阶段可以通过看一些综述类文章或者与导师、有经验的学者交流获取灵感。

研究生在选题过程中需要全程与导师沟通。一方面确保选题与导师的研究方向基本一致。合格的导师对于自己擅长的研究领域长期钻研，形成了较为完善的研究基础和理论思考，能够更为快捷、有效地辨别选题的合理性、前沿性和可行性。同时方向一致的选题可以充分结合导师的在研课题，便捷获取基础数据、仪器设备等科研资源。游离于导师研究方向之外，则容易导致弱化导师的指导作用。另一方面，与导师的有效沟通有利于精准化地确定研究问题。选题宽泛是研究生在选题过程中常遇到的一个典型问题，这与专业知识积累不足、文献阅读少、科研经验缺乏等有关。沟通过程中导师的专业点评和建议，有利于进一步聚焦选题，激发研究灵感，少走弯路。

第二节　材料选择与整理

确定研究选题后就需要广泛地搜集材料。风景园林历史类研究的材料主要来源于现代著作（期刊）和各类史料。现代著作（期刊）可通过学校图书馆、中国知网、超星发现、万方数据等进行查询。风景园林史论研究中应关注的国内外重点刊物有《中国园林》《建筑遗产》《建筑史》《南方建筑》《故宫博物院院刊》以及 *Landscape Research*、*Studies in the History of Gardens & Designed Landscape* 等，这些期刊通常会设置园林历史理论研究、遗产研究专栏或专刊。另外，一些艺术设计类期刊，如《装饰》《美术大观》等，也会登载一些关于园林艺术史方面的研究论文。

史料包括文字类史料和图像类史料。图书馆是直接获取纸质史料最便捷的机构之一，文史类学校的图书馆和城市大型图书馆中往往都收藏了丰富的史学类文献，比如中国国家图书馆、南京图书馆等。随着科技的进步，文献史料电子化已经成为发展趋势，目前网络上电子文献、数据库种类繁多、资源丰富，并带有检索功能，大大降低了文献史料收集的难度。风景园林史论研究中常使用的部分史料数字化网站资源见表 3-2-1。

表 3-2-1　常用史料数字化网站资源

名　称	网　址	说　明
中国国家图书馆·中国国家数字图书馆·国家典籍博物馆	http：//www. nlc. cn/web/index. shtml	由国家图书馆建设，设中华古籍资源库、永乐大典、民国时期文献、国家珍贵古籍等电子资源库
首都图书馆古籍珍善本图像数据库	http：//gjzsb. clcn. net. cn/index. whtml	由首都图书馆建设，所入选古籍均为《国家珍贵古籍名录》中的珍贵古籍和馆藏特色文献
首都图书馆古籍插图库	http：//query. clcn. net. cn/GJAndST/gjct1. htm	包含自首都图书馆藏古籍文献中提炼的古籍插图数据。插图内容包含植物、风景、建筑、宗教等
南京图书馆稀见方志全文影像数据库	http：//www2. jslib. org. cn/was5/web/hdb. htm	由南京图书馆在线发布的馆藏稀见方志资源
南京图书馆藏清人文集全文影像数据库	http：//www2. jslib. org. cn/was5/web/qrwj. htm	以南京图书馆藏特色清人文集为主题，使用全文图像形式提供在线检索和阅览
中华石刻数据库	http：//inscription. ancientbooks. cn/docShike/	包括宋代墓志铭、三晋石刻、汉魏六朝碑刻、唐代墓志铭等多个数据库
中国县志大全	http：//www. xianzhidaquan. com/	囊括了全国大部分省市县的地方志

实物史料指各类遗物、遗址、建筑、碑刻、雕塑和绘画等，这类史料是历史的见证和历史知识的可靠来源，它既能比较真实地反映历史，又具有形象直观性。很多园林的遗址遗迹已被考古挖掘发现，通过田野调查、实地调研实物史料对园林历史状貌进行考证，能够较为准确地还原历史原貌。如东南大学梁洁、郑炘基于锦汇漪池底遗构、考古报告、改建档案等，结合文献史料相互佐证，确定了晚明时期寄畅园的水池形式。天津大学赵迪等人利用三维激光扫描技术与手工测量结合方式，对颐和园绮望轩遗址进行翔实测绘与调查，综合样式雷图档、清宫档案等，推导出了绮望轩建筑的面阔、进深、廊步、柱径、格局等具体信息。

口述史料也有助于帮助考证园林状貌和园林营造活动。由于易受叙述人语言表达、记忆力等影响，口述史料需要与文献、实物史料进行多方考证、核实。本书编者团队根据国家级非物质文化遗产项目"香山帮传统建筑营造技艺"代表性传承人陆耀祖先生的口述资料，整理编绘出版《香山帮建筑园林理念与营造》一书，可作为香山帮口述史料方面的例证。

史料电子数据库的广泛使用极大方便了研究材料的获取，但同时也对研究者的材料甄选、取舍能力提出了更高的要求。选择合适的、可信度高的史料不仅有利于提高研究结果的准确性和合理性，还能够节省时间、快速推进研究进展。在史料的选择过程中要进行理性的史料辨析。

因历史久远、朝代更迭，史料流传过程中存在伪漏、窜乱、补缀等情况，因此在使用史料之前需对其进行溯源，找到原始出处，梳理其流传过程、版本情况和记载正误。应尽量采用第一手史料。一手史料是在历史事件（事实）当时或接近时期所产生的史料，可以相对准确地透视历史事实；二手史料是指后人在一手史料上进一步所作的诠释，因此又被称为间接史料。尽量采用一手史料，有助于避免因史料记载谬误影响研究结论的正确性。

同一典籍，因为底本、整理者和刊印机构不同，形成了不同的版本，其内容也存在差异。历史类研究中十分注重版本的选择，应以原版的影印本、权威出版社的校注本、整理本为准。

史料是由人记录的，因记录者的主观意识、立场、写法不同等导致史料之间存在差异。然而任何史料都不是孤立存在的，充分了解史料产生或者所涉及事件的背景，综合使用多个史料进行相互参证、印证，把握当时的历史语境和文本逻辑，才有可能更加充分地了解原意。

整理材料是园林史研究中最基础，也是最繁琐的工作之一。最常使用的是分类整理法，即确定研究选题后，着手广泛收集史料，并将史料进行分类整理。梁启超对该法高度重视，曾言"大抵史料之为物，往往有单举一事，觉其无足轻重，及汇集同类之若干事比而视之，则一时代的状况可以跳活表现。"收集整理过程中，常常会发现与所研究对象密切相关的新事件、人物、书籍等，应对这些新的信息进行追踪收集。史料整理要有序，无论按时间、性质还是专题分类，都应当对每条信息的名称、来源、涉及的内容等进行记录，如多个内容同时存在于同一史料中，应按不同需求分别做好记录。总体而言，园林史研究提倡多看多读，把能搜集到的资料全收集起来，任何细枝末节、有用的信息均记录下来，清晰标注来源，形成脉络，再有针对性地对缺失信息进行查找，最后形成完整的史料支撑框架。

使用文献管理软件对材料进行整理，可以达到省时、省力、方便的效应，能够随时查看调用。在自然科学领域，Endnote、NoteExpress、Mendelely 等文献管理器广受欢迎。但在古籍等史料整理方面，Excel 工作表因其操作简单、方便统计，使用更为广泛。

下面以《雅集图中古代文人活动与空间表现特征分析》研究为例，简单介绍 Excel 在史料整理中的具体应用方法。该研究以历代雅集图为对象，对图像中表现的雅集活动进行梳理，归纳图中常使用的园林要素及空间，以探讨文人园林活动及园林空间特征。

首先，新建一个 Excel 表格，在标题行设置序号、图名、绘制年代、作者信息、来源、馆藏信息、形制、形式、规格、构图方式、雅集参与者、雅集活动、园林要素、雅集要素、雅集主题、存放、其他共 17 个标题。其中作者信息、来源、雅集活动、园林要素、雅集要素、雅集主题等标题下分别下设小标题。

第二，对前期所收集的每幅雅集图进行辨认、解析，获取到相关信息后分门别类记录于表格之中。比如北宋《文会图》，将图名、绘制年代、作者、来源、馆藏信息分别填入相应标题下；通过对图像的简单识别及相关资料获取形制、规格、构图方式信息，填入单元格；查找相关文献资料，了解该雅集的举办背景、参与者，将具体情况填入表格；对图像进一步整理，识别的四类雅集活动及其局部放大图填入单元格，识别的园林要素"栏杆、水榭、柳、七叶树、竹"及其局部放大图像分别填入单元格，雅集要素和局部放大图像填入单元格；查找关于该图像的文献史料，详细了解该雅集召集、举办情况，填写雅集主题及其依据。史料查找过程中获取的其他信息可填入"其他"列，需要强调的是相关信息的填写必须做好注释（图3-2-1）。

序号	图名	绘制年代	作者信息		来源		馆藏信息	形制	形式	规格/cm	构图方式	雅集参与者	雅集活动		园林要素		雅集要素		雅集主题		存放	其他
			作者	简介	来源	出处							活动	局部放大图	要素	局部放大图	要素	局部放大图	主题	依据		
1	文会图	宋	赵佶	宋徽宗	中华珍宝馆，《中国绘画全集》卷二 P152	https://g2l.tfc.net/view/SUHA/621d679cca9c2192df6fe2	台北故宫博物院藏	绢本设色	立轴	184.4×123.9	全景式	文人13位，童仆7位。根据《传宗会研究<徽文<文会文>图究>》测活动心白挽正微的当徽人余均朝员	抚琴 / 交谈 / 宴饮 / 备茶		栏杆 / 水榭 / 柳 / 七叶树 / 竹		石几 / 桌椅 / 饮食器 / 茶具 / 琴 / 插花器		宴饮	《题会说像人们赋景图文图》，图文士明为雅饮对象	F盘库图1-1	1.该图可能为十三世纪晚期至十四世纪初期的基本，但其根本应当是徽宗朝后期，或可确切为宣和年间（1119—1125）的画作——任仕东《台北故宫博物院藏＜文会图＞视觉特征及祖本问题研究》，南京艺术学院学报（美术与设计）2020(02):1-7+209.
2	西园雅集图	南宋	刘松年	南宋宫廷画家，善画山水人物及园林小景；"南宋四大家"之一	中华珍宝馆，《故宫书画图录》第二册P117	https://g2l.tfc.net/view/SUHA/6253c2d57f30be518a8bca	台北故宫博物院	绢本设色	手卷	24.5×203	全景式	米芾《西园记》据雅记载苏东黄坚公米共六地苏坡秦庭晁李麟芾计十人	观书 / 拨阮 / 题石 / 赏画 / 谈佛论道		栏杆 / 桥 / 石径 / 花卉 / 乔灌 / 假山		文房用具 / 琴棋 / 饮食器 / 桌椅 / 香几 / 圆墩		文事	米芾《西园雅集图记》	F盘库图1-1-1	1.北宋元祐时期的"西园雅集"是古代最著名的雅集活动之一，由驸马都尉王诜（1048—1104）组织，米芾、苏东坡、黄庭坚等共约十六人参与，雅集地点相传为王诜的府邸"西园"。2.西园雅集是北宋时期元祐党人举行的众多雅集中最具影响力的一次活动，与会者均为元祐文人集团中的成员。——（宋）米芾. 宝晋英光集补遗.台北：台湾学生书局,1985.76.

图 3-2-1　Excel 表格中的史料信息整理

第三，做好所有雅集图数据信息归类后，使用 Excel 表格的排序、筛选、汇总等功能将属性一致的数据排列在一起，进行统计分析。比如使用排序功能查看各个朝代雅集图的分布数量、雅集类别，使用统计功能筛选建筑要素出现的频率，使用查找功能快速定位某幅图的位置。

以上仅为使用 Excel 整理史料的简单示例，在实际中应结合具体研究确定需要整理的内容。比如开展历史景观的时空演变研究，还需提取整理历史景观存在的年代、名称、类别、具体位置以及确定其位置的史料依据、是否损毁、是否重建等信息。此外，从电子数据库下载的"地方志"等文字史料大部分是 PDF 或图像类型，且为繁体字体、无标点，可以使用古籍光学字符识别软件（OCR）协助提取文字，使用古籍文本自动标点软件结合人工解读完成断句分析。

第三节　学会使用脚注

在学术写作中使用到前人的思想、观点、材料、方法等时均需进行注释。注释的使用是一种学术规范，通过标明出处提示材料依据来源，从而表明研究的脉络。注释包括脚注和尾注，文史类研究较多使用脚注这种注释方式。

脚注又称为"页下注"，即把注释放置在引证语句当页的底部，分为引用性脚注和释义性脚注两种类型，注释序号一般用①，②，③……标识，每页单独排序。脚注使读者能够很便捷地发现引用文献来源或其释义，而无需翻阅到全文文后再去查找。

脚注的使用不仅是一种学术规范，使学术研究在方法和材料上都具备可回溯性，还能起到串联文献的作用。好的脚注可以从中发现该研究领域的发展脉络、知识论证体系，促进作者与前人研究的对话，达到把脚注这种形式规范转化为内在实质规范的目的。

脚注的使用需要遵循一定的格式规范。不同种类的史料脚注格式不同，大概可分为著作、析出文献、古籍三大类。

1. 著作类

格式：责任者（必要时加注责任方式）：题名，其他题名信息（如卷册），其他责任者（如译者），出版地：出版者，出版年（必要时加注版次），引文页码。

示例：阙维民：《杭州城池暨西湖历史图说》，杭州：浙江人民出版社，2000 年，第 30 页。

2. 析出文献类

指从著作或公开发表的书籍文章中析出获得的文献资料。作者与主编、出版人的关系，可以是委托和被委托出版的关系，也可以无关系，比如古代文献的专题编集，作者已经作古，后人也可整理编撰成册。

格式：责任者：析出文献题名，文集责任者与责任方式：文集题名，出版地点：出版者，出版时间，页码。文集责任者与析出文献责任者相同时，可省去文集责任者。

示例：沈德潜：《西湖志纂》，沈龙云编：《中国名山胜迹志丛刊》，台湾：文海出版社，1971—1983 年，第 28—29 页。

3. 古籍类

（1）刻本：使用雕版印刷的方法印装的书籍

格式：责任者与责任方式：文献题名（卷次、篇名、部类），版本，页码。部类名及篇名用书名号表示，其中不同层次可用中圆点隔开，原序号仍用汉字数字。页码应注明 a、b 面。

示例：(清)李斗：《扬州画舫录》卷一，第 3 页 a。

(清)张玉书：《圣祖仁皇帝御制文集》卷二十，第 2 页 b。

(2) 点校本、整理本

格式：责任者与责任方式：文献题名[卷次、篇名、部类(选项)]，出版地点：出版者，出版时间，页码。可在出版时间后注明"标点本" "整理本"。

示例：田汝成：《西湖游览志》卷二 孤山三堤胜迹，上海：上海古籍出版社，2017 年标点本，第 15 页。

毛祥麟：《墨余录》，上海：上海古籍出版社，1985 年，第 35 页。

(3) 影印本：影印有多种形式，包括拍照、扫描、复印。影印本与原版无任何差别，是原版的复制。

格式：责任者与责任方式：文献题名[卷次、篇名、部类(选项)]，出版地点：出版者，出版时间，页码。可在出版时间后注明"影印本"。为便于读者查找，缩印的古籍，引用页码还可标明上、中、下栏(选项)。

示例：杨钟羲：《雪桥诗话续集》卷五，沈阳：辽沈书社，1991 年影印本，上册，第 461 页下栏。

(4) 地方志

格式：唐宋时期的地方志多系私人著作，可标注作者；明清以后的地方志一般不标注作者，书名其前冠以修纂成书时的年代(年号)；民国地方志，在书名前冠"民国"二字。新影印(缩印)的地方志可采用新页码。

示例：乾隆《嘉定县志》卷十二《风俗》，第 7 页 b。

民国《上海县续志》卷一《疆域》，第 10 页 a。

万历《广东通志》卷十五《郡县志二·广州府·城池》，《稀见中国地方志汇刊》，北京：中国书店，1992 年影印本，第 42 册，第 367 页。

（5）常用基本典籍

格式：官修大型典籍以及书名中含有作者姓名的文集可不标注作者，如《论语》《二十四史》《资治通鉴》《全唐文》《册府元龟》《清实录》《四库全书总目提要》《陶渊明集》等。

示例：《旧唐书》卷九《玄宗纪下》，北京：中华书局，1975 年标点本，第 233 页。

《方苞集》卷六《答程蘡州书》，上海：上海古籍出版社，1983 年标点本，上册，第 166 页。

（6）编年体典籍

格式：如需要，可注出文字所属之年月甲子(日)。

示例：《清德宗实录》卷四百三十五，光绪二十四年十二月上，北京：中华书局，1987 年影印本，第 6 册，第 727 页。

第四节　园林史的个案研究

历史名园是特定历史时期造园水平的代表，其体现的造园手法、造园思想及空间结构都深深印记着时代背景的烙印，传达出历史记忆与当时的社会思想。园林史的个案研究主要包含其空间格局、营造特色、历史沿革等方面。

平面图是认识园林空间格局和营造特色的基本途径，也是历史园林造园特征解析的重要依据。然而，古代园林的营造设计并不会在设计之初便绘制平面图，基本都是建设完成后以作记、作画等方式留存。历史名园的复原是通过对历史文献和图像的梳理和解读，还原古园的山水结构、建筑布局、空间开合、路网设置等在平面上的布局，可直观反映出历史名园的面貌，为后续的研究作基础。

古代园林复原依据的材料一般分为文字与图像两大类，文字类资料包含园诗、园记和地方志书，图像类资料则包含园林图像和历史地图。文字类资料长于描述，用以提炼园林布局结构，确定景点景致与意境；图像类资料则长于视觉表达，用以呈现园林的景观风貌，图文相互印证，可完善地展现出历史名园的整体面貌。

值得注意的是，囿于历史名园相关史料的丰富程度不同、研究者的辨析能力差异等问题，平面图的复原往往困难重重。这里大致可概括为三种情况，其一，尚有遗址留存，并有详细图纸和文字记载的园林，可通过遗址的勘查、考古等方式，绘制详细的园林平面布局图。其二，无遗址，但有较为写实的总体园景描绘图和详细文字记载的园林，此类型园林对于尺寸的把握较前一种或有欠缺，但仍不失为一类可较为准确复原的园林。其三，既无遗址也无完整园图，仅有园记、诗文等文字描述或还存在局部图像但无整体关系的册页图，如《拙政园三十一景图》《东庄图》等，难以依据现有材料对平面布局进行复原。

第五节　历时性研究与数字化方法应用

景观的"历时性"，即在时间维度上不断变化的历史景观层积；与之相对的是"共时性"，即同一个时间截面下，空间维度上所呈现的景观特征异同。历时性研究关注历史发展历程中园林要素关系脉络，园林艺术史研究多关注"历时性"，将时间线置于园林史研究的基本逻辑中。

在历时性研究中，现象阐释是最重要的分析方法，即抓住每个时段园林空间最为突出的变化或所呈现的突出现象，阐释其在历时线上的出现成因和影响。

现有"历时性"研究的角度运用较为广泛，在园林个案、风景名胜研究中较为常用，将园林发展历史分为若干截面，从文献古籍、历史图像中提取信息，总结各历史时期的发展特征，常用的语义表达词有"演变""变迁""生长"等。相对于园林个案，风景名胜占地面积较大、景观资源类型较多、发展历史较为悠久，运用"历时性"的方法展开研究具有较好的可操作性。

20 世纪 80 年代开始，历史 GIS、古地图数字化等开始运用于历史学研究中，近年来在国内园林史研究领域中的应用也逐渐增多。区别于传统文献梳理的研究方法，历史 GIS 方法在园林史研究中多以时间和空间为切入点，运用 ArcGIS 等软件中的最近邻指数、核密度分析、空间自相关、多元回归分析等地统计分析方法，描述风景资源的产生、发展、演化与消亡的过程，为风景园林历史与理论研究提供了新的思路和方法。

历史 GIS 研究的基础是历史地理信息系统数据库的构建。收集整理相关的历史地图、遥感影像、考古遗址、图版照片、郡县府志、游记、诗赋等资料，提炼各时期历史景观的地理方位、资源类型、环境条件及营建过程等信息，对其进行数字化记录与表现，构建集地理数据、属性、空间和时间语义为一体的历史风景资源数据库。

空间信息的定位是研究的关键。历史风景资源研究的定位可分为直接定位法和间接定位法两种。直接定位法可根据历史地图、军用地图及现有研究成果进行定位；间接定位法是在风景资源中无法通过历史地图和现有研究成果进行定位的情况下，通过文献史料中的信息进行定位的方法，文献中对此类风景资源位置的记载可分为方位关系、拓扑关系和距离关系等。

（1）方位关系。方位包括东西南北、上下左右等概念。文献史料中常用山水等地名作为参考点，描述风景资源位置关系。如《金陵古迹图考》中对宝公塔周边历史景观资源的记述，"塔东为落叉池，塔西为洗钵池，塔西南为木末轩，塔后为定林寺。"

（2）拓扑关系。拓扑关系是指历史景观资源的空间结构关系，包括拓扑邻接、拓扑关联和拓扑包含等。在相关史料中多以"在……之内""与……相邻"等形式出现，如《舆地志》："宋元嘉中，以其地为北苑。宋武帝大明中，造正阳、林光殿于内"。《玄武湖志》卷二："沈万三有园在太平门外，濒临玄武湖"。若知北苑、太平门等，即可定位出正阳、林光殿及沈万三园大致位置，但仍需结合其他信息进行具体判断。

（3）距离关系。定性距离通常描述为"在……附近""在……之间"；定量距离则描述为"城东八里""西约百步"等。如《首都志》中"寺西有白莲池，距寺可百许步，又有白莲庵。"《万历上元志》中"半山寺，由东门至钟山半道各七里"。定性距离可参考"方位关系"和"拓扑关系"，结合史料信息进行定位；而定量距离则可根据黄盛璋编著的《历代度量衡换算表》换算后直接定位。

在此基础上，利用GIS的符号化处理功能对风景资源进行可视化，利用分析功能对风景资源的时空演变进行梳理。

附录 我国史料概览

史料类型		举例	历代代表性文献与著述
考古史料	甲骨文史料	• 殷墟甲骨文 • 陕西周原周代甲骨文	• （清）刘鹗：《铁云藏龟》 • 王国维：《戬寿堂所藏殷墟文字》《殷墟卜辞中所见地名考》《殷礼征文》《殷周制度论》《殷卜辞中所见先公先王考》 • 罗振玉：《殷虚书契》 • 郭沫若：《卜辞通纂》《殷契粹编》《甲骨文合集》（郭沫若主编、胡厚宣总编）《甲骨文字研究》《卜辞中之古代社会》 • 董作宾：《殷墟文字甲编》《殷墟文字乙编》 • 严一萍：《甲骨》 • 张秉权：《甲骨文与甲骨学》 • 王宇信：《甲骨学通论》 ……
	金石史料	• 石刻文字（秦石鼓文、侯马盟书、儒学石经、佛教石经、碑刻等） • 青铜器铭文	• （宋）刘敞：《先秦古器图碑》 • （宋）吕大临：《考古图》 • （宋）赵明诚：《金石录》 • （宋）郑樵：《通志·金石略》《石鼓文考》 • （宋）王黼《宣和博古图》 • （宋）洪适：《隶释》《隶续》 • （清）官修《西清古鉴》《西清续鉴》《宁寿鉴古》 • 王国维：《宋代金文著录表》《国朝金文著录表》 • 郭沫若：《两周金文辞大系图录考释》《殷周青铜器铭文研究》等 • 容庚：《宝蕴楼彝器图录》 • 中国社会科学院考古研究所：《殷周金文集成》 ……
	简帛史料	• 竹木简牍（银雀山汉墓竹简、云梦睡地虎竹简、居延汉简等）	• 斯坦因：《中国沙漠考古记》 • 罗振玉、王国维：《流沙坠简》 • 伏见冲敏：《木简残纸集》 • 张凤：《汉晋西陲木简汇编》 • 劳榦：《居延汗简·图版之部》

史料类型		举例	历代代表性文献与著述
		• 帛书(马王堆汉墓帛书等)	• 中国社会科学院考古研究所:《居延汗简甲编》《居延汗简乙编》 • 赤井清美:《汉简》 ……
	文书卷册史料	• 敦煌石室遗书 • 吐鲁番文书 • 西夏文书	• 罗振玉:《敦煌石室遗书》《鸣沙石室佚书》 • 刘复:《敦煌掇琐》 • 王重民:《敦煌古籍叙录》 • 戈尔芭切娃、克恰诺夫:《西夏文写本和刊本》 ……
群经史料	"五经"史料	• 《周易》 • 《尚书》 • 《诗经》 • 《仪礼》 • 《春秋》	• (魏)王弼、(晋)韩康伯注,(唐)孔颖达等疏:《周易正义》 • (汉)毛亨传、郑玄笺、(唐)孔颖达疏:《毛诗正义》 • (唐)李鼎祚:《周易集解》 • (宋)朱熹:《周易本义》《诗集传》 • (清)孙星衍:《尚书今古文注疏》 • (清)张惠言:《仪礼图》 • 闻一多:《周易义证类纂》 • 杨天宇:《仪礼译注》 ……
	其他儒家书籍史料	• 《周礼》 • 《礼记》 • 《左传》 • 《公羊传》 • 《穀梁传》 • 《论语》 • 《孝经》 • 《尔雅》 • 《孟子》	• (汉)郑玄注、(唐)贾公彦疏:《周礼注疏》 • (汉)何休注、(唐)徐彦疏:《春秋公羊传注疏》 • (唐)李隆基注、(宋)邢昺疏:《孝经注疏》 • (晋)郭璞注、(宋)邢昺疏:《尔雅注疏》 • (宋)卫湜:《礼记集说》 • (清)孙诒让:《周礼正义》 • (清)焦循:《孟子正义》 • (清)洪亮吉:《春秋左传诂》 • (清)孔广森:《春秋公羊经传通义》 • 杨天宇:《周礼译注》《礼记译注》 • 杨伯峻:《春秋左传注》《论语译注》 • 徐朝华:《尔雅今注》 ……
诸子史料	先秦诸子史料	• 《荀子》 • 《墨子》 • 《老子》 • 《庄子》 • 《管子》 • 《商君书》 • 《韩非子》 • 《孙子兵法》等兵书 • 《公孙龙子》和《尹文子》 • 《吕氏春秋》	• (清)王先谦:《荀子集解》 • (清)孙诒让:《墨子閒诂》 • (齐)晏婴:《晏子春秋》 • 张纯一:《晏子春秋校注》 • (清)王先谦:《庄子集解》 • (春秋)文子:《文子》 • (清)戴望:《管子校正》 • 郭沫若:《管子集校》 • (汉)司马迁:《史记·商君列传》 • (清)王先慎:《韩非子集解》 • (战国)吴起:《吴起兵法》 • (春秋)司马穰苴:《司马法》 • (战国)孙膑:《孙膑兵法》 • (战国)尉缭:《尉缭子》

史料类型	举例	历代代表性文献与著述
		• （周）吕尚、姜子牙：《六韬》 • （清）钱熙祚：《大道上》《大道下》 • 李峻之：《吕氏春秋中古书辑佚》 ……
汉唐诸子史料	• 《新语》 • 《新书》 • 《淮南子》 • 《春秋繁露》 • 《盐铁论》 • 《新序》 • 《说苑》 • 《扬子法言》 • 《太玄经》 • 《新论》 • 《论衡》 • 《白虎通义》 • 《潜夫论》 • 《傅子》 • 《颜氏家训》 • 《中说》 • 《伸蒙子》	• 王利器：《新语校注》 • 刘文典：《淮南鸿烈集解》《三余札记》 • （清）凌曙：《春秋繁露注》 • （清）张敦仁：《考证》 • （清）顾广圻：《盐铁论考证后序》 • 郭沫若：《盐铁论读本》 • 王利器：《盐铁论校注》 • （晋）李轨注：《扬子法言》 • （晋）范望注：《太玄经》 • （清）汪荣宝：《法言义疏》 • 黄晖：《论衡校释》 • 刘盼遂：《论衡集解》 • （清）陈立：《白虎通疏证》 • （清）汪继培：《潜夫论笺》 • （汉）崔寔：《政论》 • （汉）荀悦：《申鉴》 • （汉）徐干：《中论》 • （汉）仲长统：《昌言》 ……
宋明理学诸子史料	• 《通书》 • 《皇极经世书》 • 《正蒙》 • 《河南二程全书》 • 《朱子语类》 • 《象山先生全集》 • 《王文成全书》	• （清）王植：《皇极经世书解》 • （明）徐必达校订：《邵子全书》 • （明）沈自彰编：《张子全书》 • （明）吕柟：《张子抄释》 • 张载：《张载集》 • 《二程集》 • 《四书章句集注》 • 《伊洛渊源录》 • 《八朝名臣言行录》 • 《资治通鉴纲目》 • 《楚辞集注》 • 《诗集传》 • 《韩文考异》 • 《朱文公文集》 ……
宋明反理学思想史料	• 《陈亮集》 • 《习学记言》 • 《焚书》《续焚书》 • 《明夷待访录》 • 《读通鉴论》 • 《四存编》《孟子字义疏证》	• 《宋论》 • （清）颜元：《四书正误》《朱子语类评》《习斋记余》 • 《颜习斋先生言行录》 ……

史料类型		举例	历代代表性文献与著述
纪传体史料	正史史料(上)	• 《史记》 • 《汉书》 • 《后汉书》 • 《三国志》	• (南朝宋)裴骃:《史记集解》 • (唐)司马贞:《史记索隐》 • (唐)张守节:《史记正义》 • (清)梁玉绳:《史记志疑》 • 陈直:《史记新证》 • 泷川资言:《史记会注考证》 • (清)王先谦:《汉书补注》 • 杨树达:《汉书管窥》 • 陈直:《汉书新证》 • (清)惠栋:《后汉书补注》 • (清)王先谦:《后汉书集解》 • 卢弼:《三国志集解》 ……
	正史史料(中)	• 《晋书》 • 《宋书》 • 《南齐书》 • 《梁书》和《陈书》 • 《魏书》 • 《北齐书》 • 《北周书》 • 《隋书》 • 《南史》和《北史》	• (清)吴士鉴:《晋书斠注》 • (唐)何超:《晋书音义》 ……
	正史史料(下)	• 《旧唐书》 • 《新唐书》 • 《旧五代史》 • 《新五代史》 • 《宋史》 • 《辽史》 • 《金史》 • 《元史》 • 《新元史》 • 《明史》 • 《清史稿》	• (明)柯维骐:《宋史新编》 • (明)王洙:《宋史质》 • (清)陈黄中:《宋史稿》 • (清)陆心源:《宋史翼》 • (清)邵远平:《元史类编》 • (清)魏源:《元史新编》 • (清)洪钧:《元史译文证补》 • (明)谈迁:《国榷》 • (明)王世贞:《弇山堂别集》 • (清)全祖望:《鲒埼亭集》 • (清)徐鼒:《小腆纪年》《小腆纪传》 • (明)查继佐:《罪惟录》 • (清)温睿临:《南疆逸史》 ……
	其他纪传体史料	• 《东观汉记》 • 《续后汉书》 • 《十六国春秋》 • 《西魏书》 • 《九国志》 • 《南唐书》 • 《续唐书》	• 吴树平:《东观汉记校注》 • 《二十五别史》 • 《文学丛书》 • 《守山阁丛书》 • 《通典》

史料类型		举例	历代代表性文献与著述
		• 《十国春秋》 • 《南汉书》 • 《通志》 • 《东都事略》 • 《隆平集》 • 《契丹国志》 • 《大金国志》 • 《元史类编》 • 《元史新编》 • 《蒙兀儿史记》 • 《吾学编》 • 《名山藏》 • 《罪惟录》 • 《明书》 • 《南疆逸史》 • 《小腆纪传》 • 《永历实录》	• 《文献通考》 • 《宋史资料萃编》 • 《四朝别史》 • 《畿辅丛书》 • 《续修四库全书》 ……
编年体史料	《汉纪》与《后汉纪》的史料	• 《汉纪》 • 《后汉纪》	• 周天游：《后汉纪校注》 • 《晋纪》 • (南朝宋)郭季产：《续晋纪》 • (晋)习凿齿：《汉晋春秋》 • (南朝梁)裴子野：《宋略》 • (隋)何之元：《梁典总论》 • (隋)王劭：《齐志》 ……
	《资治通鉴》与宋代编年史料	• 《资治通鉴》 • 《皇王大纪》 • 《大事记》 • 《续资治通鉴长编》 • 《建炎以来系年要录》 • 《三朝北盟会编》 • 《宋九朝编年备要》 • 《皇宋十朝纲要》 • 《靖康要录》 • 《中兴小纪》 • 《皇宋中兴两朝圣政》 • 《续宋编年资治通鉴》	• (宋)史炤：《资治通鉴释文》 • (宋)王应麟：《通鉴地理通释》 • (宋)胡三省：《资治通鉴音注》 • 陈垣：《通鉴胡注表微》 • (明)严衍：《资治通鉴补》 • (宋)司马光：《稽古录》 • (明)王祎：《大事记续编》 • (宋)徐梦莘：《北盟集补》 • (宋)李心传：《建炎以来系年要录》 ……

史料类型	举例	历代代表性文献与著述
	• 《两朝纲目备要》 • 《宋季三朝政要》 • 《宋史全文续资治通鉴长编》	
《续资治通鉴》与明清编年史料	• 《续资治通鉴》 • 《国榷》 • 《明纪》 • 《明通鉴》 • 《明季北略》 • 《明季南略》 • 《小腆纪年附考》	• (明)陈桱：《通鉴续编》 • (明)胡粹中：《元史续编》 • (明)王宗沐：《宋元资治通鉴》 • (明)雷礼：《皇明大政纪》 • (明)郑晓：《大政记》 • (明)朱国祯：《皇明大政记》 • (明)谭希思：《明大政纂要》 • (明)黄光昇：《昭代典则》 • (明)陈建：《皇明通纪》 • (明)张嘉和：《通纪直解》 • (明)钟惺：《通纪集略》 • (明)涂山：《明政统宗》 • (元)吴朴：《龙飞纪略》 • (明)宋濂：《洪武圣政记》 • (明)张铨：《国史纪闻》 • (明)支大纶：《世穆两朝编年史》 • (清)朱璘：《明纪全载》 • (明)吴伟业：《绥寇纪略》 • (明)彭孙贻：《平寇志》 • (清)戴笠、吴殳：《怀陵流寇始终录》 • (清)阿桂等：《皇清开国方略》 • (清)祁韵士：《皇朝藩部要略》 • (清)张穆：《蒙古游牧记》 • (清)杨毓秀：《平回志》 ......
明清实录史料	• 《太宗实录》 • 《太祖实录》 • 《仁宗实录》 • 《宣宗实录》 • 《英宗实录》 • 《宪宗实录》 • 《孝宗实录》 • 《武宗实录》 • 《世宗实录》 • 《穆宗实录》 • 《神宗实录》 • 《光宗实录》 • 《熹宗实录》 • 《睿宗实录》	• 《崇祯实录》 • 《满洲实录》 • 《圣祖实录》 • 《清实录》 • 《〈明实录〉有关云南历史资料摘抄》 • 《〈清实录〉经济史料辑要》 • 《〈清实录〉达斡尔、鄂温克、鄂伦春、赫哲史料摘抄》 • 《〈清实录〉中俄关系史料》 • 《〈清实录〉新疆资料辑录》 • 《〈清实录〉贵州资料辑要》 • (清)蒋良骐：《东华录》 • (清)王先谦、潘颐福：《十一朝东华录》 • (清)朱寿朋：《光绪朝东华录》 ......

史料类型		举例	历代代表性文献与著述
政书体史料	"三通"及其续编	• 《通典》 • 《通志略》 • 《文献通考》 • 《续通典》 • 《续通志》 • 《续文献通考》 • 《清朝通典》 • 《清朝通志》 • 《清朝文献通考》 • 《清朝续文献通考》	
	会要、会典史料	• 《春秋会要》 • 《七国考》 • 《秦会要》 • 《西汉会要》 • 《东汉会要》 • 《三国会要》 • 《晋会要》 • 《南朝宋齐梁陈会要》 • 《唐会要》 • 《五代会要》 • 《宋会要辑稿》 • 《宋朝事实》 • 《建炎以来朝野杂记》 • 《元经世大典》《明会要》 • 《明会典》 • 《清会典》 • 《八旗通志》	• 徐复：《秦会要缉补》 • (宋)范晔：《后汉书》 • (晋)华峤：《后汉书》 • (晋)司马彪：《续汉书》 • 《景祐庆历绍兴盐酒税绢数》 • 《总论国朝盐筴》 • 《蜀盐》 • 《万有文库》 ……
	其他政书史料	• 《汉官六种》 • 《唐六典》 • 《唐律疏议》 • 《职官分纪》 • 《吏部条法》 • 《宋刑统》 • 《庆元条法事类》 • 《宪台通纪》 • 《南台备要》 • 《大诰》 • 《皇明条法事类纂》	• 《国学丛书》 • 《四库珍本》 • 《四库全书存目丛书》 • 《石经馆丛书》 • 《大清会典则例》 • (清)穆克登额：《续纂大清通礼》 • 陈垣：《元典章校补》 • 《元代史料丛刊》 • 冈本敬二：《通制条格研究译注》 • 《明清史料丛书》 • (元)赵天麟：《太平金镜策》 • 郑介夫：《太平策》 ……

史料类型		举例	历代代表性文献与著述
		• 《大唐开元礼》 • 《大金集礼》 • 《明集礼》 • 《大清通礼》 • 《元典章》 • 《通志条格》 • 《元秘书监志》 • 《皇明事法录》 • 《明朝典汇》 • 《六典通考》 • 《养吉斋丛录》 • 《两汉诏令》 • 《文馆词林》 • 《唐大诏令集》 • 《宋大诏令集》 • 《历代名臣奏议》 • 《国朝诸臣奏议》 • 《皇清奏议》	
纪事本末体史料	通代纪事本末史料	• 《通鉴纪事本末》 • 《春秋左氏传事类始末》 • 《左氏春秋》 • 《左传纪事本末》	• （清）李铭汉：《续通鉴纪事本末》 • （清）刘声木：《御批通鉴辑览五季纪事本末》 • 《左传》 • （清）马骕：《左传事纬》 ……
	断代纪事本末史料	• 《续资治通鉴长编纪事本末》 • 《宋史纪事本末》 • 《元史纪事本末》 • 《辽史纪事本末》 • 《金史纪事本末》 • 《西夏纪事本末》 • 《明史纪事本末》 • 《清史纪事本末》	• 《长编拾补》 • （清）谭宗浚：《辽史纪事本末》《辽史纪事本末诸论》 • 《历朝纪事本末》 • （清）倪在田：《续明纪事本末》 • 《纪事本末五种》 • 《纪事本末汇刻》 ……
	专题纪事本末史料	• 《蜀鉴》 • 《鸿猷录》 • 《三藩纪事本末》 • 《圣武记》 • 《滇考》 • 《平定三逆方略》 • 《亲征平定朔漠方略》 • 《平定金川方略》	• （梁陈）袁枢：《通鉴纪事本末》 • （宋）朱熹：《通鉴纲目》 • 《道光洋艘征抚记》 • 张殿：《十一朝圣武记》 • （清）钱名世：《四藩始末》 • 《平定陕甘新疆回匪方略》 • 《平定云南回匪方略》 • 《平定贵州苗匪纪略》 • 《剿平粤匪方略》

史料类型		举例	历代代表性文献与著述
		• 《平定准噶尔方略》 • 《平定两金川方略》 • 《台湾纪略》 • 《平台纪略》 • 《临清纪略》 • 《兰州纪略》 • 《石峰堡纪略》 • 《平苗纪略》 • 《剿平三省邪匪略》 • 《平定教匪纪略》 • 《平定回疆方略》 • 《剿平捻匪方略》 • 《平捻纪略》 • 《平定关陇纪略》 • 《平桂纪略》 • 《平浙纪略》 • 《嘉应平寇纪略》 • 《吴中平寇记》 • 《平定瑶匪纪略》 • 《平原拳匪纪略》	• 《筹办夷务始末》 • (清)罗惇曧：《中日兵事本末》《中法兵事本末》《中英滇案交涉本末》《中俄伊犁交涉始末》 • 林乐知、蔡尔康：《中东战纪本末》 ……
传记史料	历代与断代传记总录	• 《春秋列国诸臣传》 • 《宋名臣言行录》 • 《名臣碑传琬琰集》 • 《宋人轶事汇编》 • 《元朝名臣事略》 • 《史传三编》 • 《明名臣琬琰录》 • 《今献备遗》 • 《国朝献征录》 • 《国朝耆献类征初编》 • 《国朝先正事略》 • 《碑传集》 • 《国朝名臣言行录》 • 《清史列传》 • 《清代七百名人传》	• (宋)陈振孙：《直斋书录解题》 • (明)尹直：《南宋名臣言行录》 • 《琬琰集删存》 • 《高安三传合编》 • 《常州先哲遗书后编》 • 《满汉名臣传》 • 《国史列传》 • 《清碑传合集》 • 《津河广仁堂所刻书》 ……

史料类型	举例	历代代表性文献与著述
地方性传记总录	• 《钱塘先贤传赞》 • 《京口耆旧传》 • 《敬乡录》 • 《浦阳人物记》 • 《百越先贤志》 • 《莆阳文献》 • 《金华贤达传》 • 《金华先民传》 • 《金华征献略》 • 《嘉禾征献录》 • 《中州人物考》	• 《知不足斋丛书》 • 《武林掌故丛编》 • 《守山阁丛书》 • 《粤雅堂丛书三编》 • 《适园丛书》 • 《续金华丛书》 • 《岭南遗书》 • 《率祖堂丛书》 • (清)孙奇逢:《畿辅人物考》 • (清)李镕经:《三立阁史钞》 • (清)张桂林:《晋哲会归》 • (汉)赵岐:《三辅决录》 • (清)王仁俊:《鲁国先贤传》《青州先贤传》 • (明)杨循吉:《吴中往哲记》 • (明)周复俊:《东吴名贤记》 • (明)刘凤:《续吴先贤赞》 • (明)文震孟:《姑苏名贤小记》 • (明)欧阳东凤:《晋陵先贤传》 • 张惟骧:《清代毗陵名人小传稿》 • (清)金门诏:《江都乡贤录》 • (清)张夏、胡永禔:《锡山宦贤考略》 • (清)朱福清:《鸳湖求旧录》 • (清)姚世锡:《前征录》 • (清)刘慈孚:《四明人鉴》 • (三国吴)谢承:《会稽先贤传》 • (晋)虞预:《会稽典录》 • (隋)钟离岫:《会稽后贤传记》 • (明)蔡大绩:《古永兴往哲记》 • (明)王弸:《尊乡录节要》 • (明)金江:《义乌人物记》 • (清)刘曾騄:《祥符耆旧传》 • (三国魏)苏林:《陈留耆旧传》 • (三国魏)周斐:《汝南先贤传》 • (晋)张方:《楚国先贤传》 • (晋)习凿齿:《襄阳耆旧记》 • (晋)刘彧:《长沙耆旧传》 • (清)杜贵墀:《巴陵人物志》 • (晋)邹闳甫:《广州先贤传》 • (明)黄佐原:《广州人物传》 • (清)罗元焕:《粤台征雅录》 • (晋)陈寿:《益都耆旧传》 • (晋)常璩:《西州后贤志》 • ……
分类传记总录	• 《列女传》 • 《续列女传》	• 《古今列女传》 • (明)陈继儒:《逸民史》

史料类型	举例	历代代表性文献与著述
	• 《高士传》 • 《高僧传》 • 《续高僧传》 • 《宋高僧传》 • 《神仙传》 • 《循吏传》 • 《伊洛渊源录》 • 《唐才子传》 • 《南渡十将传》 • 《昭忠录》 • 《宋遗民录》 • 《元儒考略》 • 《殿阁词林记》 • 《嘉靖以来首辅传》 • 《畴人传》	• （清）高兆：《续高士传》 • （宋）释道原：《景德传灯录》 • （宋）释惠洪：《僧宝传》 • 《神僧传》 • （清）释自融：《南宋元明僧宝传》 • （梁）僧祐：《弘明集》 • （唐）释道宣：《广弘明集》 • （唐）智昇：《开元释教录》 • （明）邵潜：《循吏传》 • （清）朱轼：《历代循吏传》 • （清）刘曾騄：《循吏补传》 • （明）谢铎：《伊洛渊源续录》 • （清）孙奇逢：《理学宗传》 • （清）黄宗羲、全祖望：《宋元学案》《明儒学案》 • （清）江藩：《宋学渊源记》 • （晋）张隐：《文士传》 • （元）徐显：《稗史集传》 • （明）顾璘：《国宝新编》 • （清）钱谦益：《列朝诗集小传》 • （清）卢见曾：《渔洋感旧集小传》 • （清）郑方坤：《国朝名家诗钞小传》 • （清）梁章钜：《乾嘉全闽诗传》 • （清）陈寿祺：《东越文苑后传》 • （清）厉鹗：《宋诗纪事》 • （清）陈田：《明诗纪事》 • （清）陈衍：《元诗纪事》 • 邓之诚：《清诗纪事初编》 • 唐圭璋：《全宋词》 • 《碧琳琅馆丛书乙部》 • 《芋园丛书》 • （宋）张预：《十七史百将传》 • （明）何乔新：《百将传续编》 • （明）黄道周：《广名将传》 • （明）周璟：《昭忠录》 • （明）吴应箕：《熹朝忠节死臣列传》 • （明）黄煜：《碧血录》 • （清）汪有典：《前明忠义别传》 • （清）盛禾：《明季殉国诸臣录》 • （宋）龚颐正：《元祐党籍列传谱述》 • （清）陆心源：《元祐党人传》 • （明）王绍徽：《东林点将录》 • （清）徐宾：《历代党鉴》 • （清）罗士琳：《畴人传续》 • （清）诸可宝：《畴人传三编》 • （清）黄钟骏：《畴人传四编》 ………

史料类型		举例	历代代表性文献与著述
个人专传		• 年谱 • 行状 • 家传 • 别传 • 遗事 • 粹编 • 别录	• （宋）吕大防：《杜工部年谱》 • （宋）胡仔：《孔子编年》 • （宋）吴仁杰：《陶靖节先生年谱》 • （宋）留元刚：《颜鲁公年谱》 • （宋）洪兴祖：《韩子年谱》 • （宋）鲁訔：《杜工部诗年谱》 • （宋）文安礼：《柳先生年谱》 • （宋）楼钥：《范文正公年谱》 • （宋）胡柯：《庐陵欧阳文忠公年谱》 • （宋）王宗稷：《东坡年谱》 • （宋）黄𪲾：《山谷先生年谱》 • （宋）岳珂：《鄂王行实编年》 • 李士涛：《中国历代名人年谱》 • （南朝梁）任昉：《齐竟陵文宣王行状》 • （宋）程颐：《明道先生行状》 • （宋）黄榦：《朱子行状》 • （明）王鸿：《薛文清行实录》 • （明）胡桂奇：《胡海林行事》 • 《荀彧别传》 • 《诸葛恪别传》 • 《郑玄别传》 • 《钟离意别传》 • 《桓阶别传》 • 《陶侃别传》 • 《罗含别传》 • （宋）王素：《王文正公遗事》 • （宋）强至：《韩忠献公遗事》 • （宋）李林：《丰清敏遗事》 • （宋）陈贻范：《鄱阳遗事录》 • （元）苏天爵：《刘文靖公遗事》 • （宋）韩元吉：《桐阴旧话》 • （宋）岳珂：《金佗粹编》 • （明）周沈珂：《周元公集》 • （唐）王方庆：《魏郑公谏录》 • （宋）王岩叟：《韩魏公别录》 • （元）翟思忠：《魏郑公谏续录》 • （唐）李绛：《李相国论事集》 • ……
科技、宗教、学术史料	科技史料	• 《氾胜之书》 • 《四民月令》 • 《齐民要术》 • 《茶经》 • 《四时纂要》 • 《陈旉农书》 • 《农桑辑要》	• （清）洪颐煊：《经典集林》 • 马国翰：《玉函山房辑佚书》 • 《氾胜之书今译》 • 《氾胜之书辑释》 • （清）严可均：《全上古三代秦汉三国六朝文》 • （清）任兆麟：《心斋十种》 • 唐鸿学：《怡兰堂丛书》

史料类型		举例	历代代表性文献与著述
		• 《王祯农书》 • 《农桑衣食撮要》 • 《农政全书》 • 《周髀算经》 • 《九章算术》 • 《孙子算经》 • 《张丘建算经》 • 《缉古算经》 • 《数书九章》 • 《详解九章算法》 • 《四元玉鉴》 • 《直指算法统宗》 • 《方程论》 • 《甘石星经》 • 《灵宪》 • 《乙巳占》 • 《开元占经》 • 《步天歌》 • 《新仪象法要》 • 《历学疑问》 • 《素问》 • 《神农本草经》 • 《难经》 • 《伤寒论》 • 《金匮要略》 • 《针灸甲乙经》 • 《脉经》 • 《诸病源候论》 • 《备急千金要方》 • 《三因极一病证方论》 • 《洗冤录》 • 《本草纲目》 • 《天工开物》 • 《物理小识》	• 《四民月令校注》 • 石声汉：《齐民要术今译》 • 《齐民要术校释》 • 《百川学海》 • 《格致丛书》 • 《唐宋丛书》 • 《学津讨原》 • 张芳赐：《茶经浅释》 • 缪启愉：《四时纂要校释》 • 石声汉：《农桑辑要校注》 • （魏晋）刘徽：《九章算术注》 • 《古今算学丛书》 • 《白芙堂算学丛书》 • 《梅勿庵先生历算全书》 • 《梅氏丛书辑要》 • 《守山阁丛书》 • 《中西算学丛书初编》 • 《丛书集成初编》 • 《黄帝内经素问校释》 • 《难经校释》 • 《千金翼方》 • 杨奉琨：《洗冤集录校译》 •……
宗教 史料		• 《大般若经》 • 《汉文大藏经》 • 《大藏经》 • 《肇论》 • 《出三藏记集》 • 《历代三宝记》 • 《开元释教录》 • 《弘明集》 • 《广弘明集》 • 《法苑珠林》	• （北魏）李廓：《魏世众经目录》 • （梁）僧祐：《出三藏记集》 • （隋）费长房：《历代三宝记》 • 《中华大藏经》 • （晋）惠达：《肇论疏》 • （唐）元康：《肇论疏》 • （宋）遵式：《注肇论疏》 • （元）文才：《肇论新疏》 • （明）德清：《肇论略注》 • （明）净柱：《五灯会元续略》

史料类型		举例	历代代表性文献与著述
		• 《五灯会元》 • 《佛祖统纪》 • 《太平洞极经》 • 《周易参同契》 • 《老子想尔注》 • 《魏书·释老志》 • 《隋书·经籍志》 • 《抱朴子·内篇》 • 《神仙传》 • 《真诰》 • 《太平经》 • 《参同契》 • 《抱朴子·内篇》 • 《阴符经》 • 《三洞珠囊》 • 《悟真篇》 • 《云笈七签》	• (明)通容：《五灯严统》 • (元)文琇：《五灯会元补遗》 • 《万寿道藏》 • 《正统道藏》 • 《万历续道藏》 • (清)蒋元庭：《道藏辑要》 • 《老子道德经河上公章句》 • 饶宗颐：《老子想尔注校笺》 • 王明：《太平经合校》 • 王明：《抱朴子内篇校释》 • (宋)张伯端撰，翁葆光注，(元)戴起宗疏：《悟真篇注疏》 • 王沐：《悟真篇浅解》 ……
	学术 史料	• 《明儒学案》 • 《宋元学案》 • 《汉学师承记》 • 《宋学渊源记》 • 《清儒学案小识》 • 《清儒学案》	• (明)陈建：《学蔀通辨》 • (明)冯从吾：《元儒考略》 • (明)周汝登：《圣学宗传》 • (清)孙奇逢：《理学宗传》 • (清)万斯同：《儒林宗派》 • (清)汤斌：《洛学编》 • 梁启超：《清代学术概论》 • 杨向奎：《清儒学案新编》 • (清)冯云豪、王梓材：《宋元学案补遗》 ……
地理、 方志、 谱牒 史料	地理书 史料	• 《水经注》 • 《水道提纲》 • 《西域水道记》 • 《洛阳伽蓝记》 • 《两京新记》 • 《帝京景物略》 • 《春明梦余录》 • 《日下旧闻考》 • 《穆天子传》 • 《岛夷志略》 • 《西域行程记》 • 《徐霞客游记》 • 《佛国记》 • 《大唐西域记》 • 《诸蕃志》 • 《西使记》 • 《西游录》 • 《瀛涯胜览》	• 《水经注疏》 • 王国维：《水经注校》 • 《小方壶斋舆地丛钞》 • 《清朝藩属舆地丛书》 • 《古香斋袖珍十种》 • 《四库笔记小说丛书》 • (清)檀萃：《穆天子传注疏》 • 刘师培：《穆天子传补释》 • 苏继颀：《岛夷志略校释》 • 《独寝园稿》 • 《国学基本丛书》 • 章巽：《法显传校注》 • 季羡林：《大唐西域记校注》 • 冯承钧：《诸蕃志校注》 • 《学津讨原》 • 冯承钧：《瀛涯胜览校注》 • 《山右丛书初编》 • (明)夏子阳：《使琉球录》

续表

史料类型		举例	历代代表性文献与著述
		• 《东西洋考》 • 《万里行程记》 • 《朔方备乘》 • 《肇域志》 • 《天下郡国利病书》 • 《读史方舆纪要》 • 《使琉球录》 • 《日本一鉴》 • 《钓鱼台列屿之历史与法理研究》 • 《更路薄》	• （清）汪辑：《使琉球杂录》 • （清）徐葆光：《中山传信录》 • （清）周煌：《琉球国志略》 • （清）潘相：《琉球入学见闻录》 • （清）李鼎元：《使琉球记》 ……
方志书史料		• 《元和郡县志》 • 《太平寰宇记》 • 《元丰九域志》 • 《舆地广记》 • 《舆地纪胜》 • 《方舆胜览》 • 《元一统志》 • 《寰宇通志》 • 《大明一统志》 • 《大清一统志》 • 《长安志》 • 《临安志》 • 《齐乘》 • 《至顺镇江志》 • 《延祐四明志》 • 《至正金陵新志》 • 《至正昆山郡志》 • 《姑苏志》 • 《滇略》 • 《兖州府志》 • 《浙江通志》 • 《光绪顺天府志》 • 《永清县志》	• （晋）常璩：《华阳国志》 • 朱士嘉：《中国地方志综录》 • 《岱南阁丛书》 • 《畿辅丛书》 • （清）陈兰森：《太平寰宇记补阙》 • 《玄览堂丛书续集》 • 《宋元方志丛刊》 • 《汇刻太仓旧志五种》 • （清）戴震：《汾州府志》 • （清）钱大昕：《鄞县志》 • 《永清县志》 ……
谱牒史料		• 《三代世表》 • 《十二诸侯年表》 • 《邓氏官谱》 • 《万姓统谱》 • 《氏族谱》 • 《家谱》 • 《元和姓纂》 • 《宋代玉牒考》 • 《宗室玉牒》	• 《世本八种》 • （南朝梁）徐勉：《百官谱》 • （南朝宋）何承天：《姓苑》 • 《官氏志》 • （唐）高士廉：《氏族志》 • （唐）柳冲：《大唐姓族系录》 • （唐）路敬淳：《著姓略记》 • （唐）韦述：《开元谱》 • （唐）柳芳：《永泰谱》 • 岑仲勉：《元和姓纂四校记》 ……

史料类型	举例	历代代表性文献与著述
《楚辞》的史料	• 《楚辞》	• （宋）洪兴祖：《楚辞补注》 • （宋）朱熹：《楚辞集注》 • 姜亮夫：《屈原赋校注》 ……
文集史料 / 总集史料	• 《文选》 • 《古文苑》 • 《玉台新咏》 • 《文苑英华》 • 《乐府诗集》 • 《古文集成前集》 • 《古诗纪》 • 《石仓十二代诗选》 • 《历代文纪》 • 《汉魏六朝百三名家集》 • 《全上古三代秦汉三国六朝文》 • 《乾坤正气集》 • 《唐文粹》 • 《全唐文》 • 《全唐诗》 • 《宋文选》 • 《宋文鉴》 • 《南宋文范》 • 《全宋词》 • 《全宋文》 • 《辽文汇》 • 《西夏文缀》 • 《中州集》 • 《全金诗》 • 《金文最》 • 《元文类》 • 《明文衡》 • 《明文海》 • 《明文在》 • 《列朝诗集》 • 《明诗综》 • 《皇朝经世文编》 • 《清文汇》 • 《会稽掇英总集》 • 《严陵集》 • 《成都文类》	• （清）孙星衍：《续古文苑》 • （清）吴汝纶：《汉魏六朝百三家集选》 • 丁福保：《汉魏六朝名家集初刻》 • （清）郭麟：《唐文粹补遗》 • （清）陆心源：《唐文拾遗》 • 上毛河世宁：《全唐诗逸》 • 孙凡礼：《全宋词补辑》 • （清）缪荃孙：《辽文存》 • （清）王仁俊：《辽文萃》 • 黄任恒：《辽文补录》 • 罗福颐：《辽文续拾》 • 罗福颐：《西夏文存》 • （元）房祺：《河汾诸老诗集》 • （清）盛康、葛士浚：《皇朝经世文续编》 • （清）陈忠倚：《皇朝经世文三编》 • （清）陆心源：《会稽掇英总集校》 • （明）谢铎：《赤城后集》 • （明）钱谷：《吴都文萃续集》 • 邵松年：《续中州名贤文表》 • （明）金德玹：《新安文粹》 • （明）沈敕：《荆溪外纪》 • （清）李元春：《关中两朝诗文钞》 • （清）阮元：《淮海英灵集》 • （清）毕沅：《吴会英才集》 • （清）胡亦堂：《临川文献》 • （清）冯奉初：《潮州耆旧集》 • （清）许汝韶：《高凉耆旧文钞》 • （清）焦循：《扬州足征录》 • （清）胡文学：《甬上耆旧诗》 • （清）全祖望：《续甬上耆旧诗集》 • （清）袁钧：《四明文徵》 • （清）郑杰：《全闽诗录》 • （清）刘宗泗：《襄城文献录》 • （清）李调元：《蜀雅》 • 柏堃：《泾献文存》 • 蒋斧：《沙洲文录》 • 牛诚修：《晋昌遗文汇钞》 • 周庆云：《浔溪文征》 • 《滇文丛录》 ……

史料类型		举例	历代代表性文献与著述
		• 《全蜀艺文志》 • 《宋代蜀文辑存》 • 《天台集》 • 《赤城集》 • 《吴都文粹》 • 《宛陵群英集》 • 《中州名贤文表》 • 《新安文献志》 • 《金华文统》 • 《清源文献》 • 《岭南文献》	
	别集史料	• 全集 • 选集	• （宋）司马光：《司马文正公集》 • （唐）陆贽：《陆宣公集》 • （宋）范仲淹：《范文正公集》 • （宋）欧阳修：《欧阳文忠公集》 • （唐）韩愈：《韩昌黎集》 • （宋）欧阳修：《居士集》 • （宋）楼钥：《攻媿集》 • （宋）魏了翁：《鹤山全集》 ……
笔记和杂事史料	笔记史料	• 《朝野佥载》 • 《封氏闻见记》 • 《翰林志》 • 《酉阳杂俎》 • 《刘宾客嘉话录》 • 《因话录》 • 《松窗杂录》 • 《幽闲鼓吹》 • 《唐摭言》 • 《唐语林》 • 《南部新书》 • 《北梦琐言》 • 《金华子》 • 《归田录》 • 《涑水记闻》 • 《春明退朝录》 • 《渑水燕谈录》 • 《文昌杂录》 • 《梦溪笔谈》 • 《东京梦华录》 • 《挥麈录》 • 《铁围山丛谈》 • 《泊宅编》	• 《梦溪笔谈校证》 • 《新校正梦溪笔谈》 • 《笔记小说大观》 • （宋）范镇：《东斋记事》 • （宋）苏轼：《东坡志林》 • （宋）苏辙：《龙川别志》 • （宋）魏泰：《东轩笔录》 • （宋）方勺：《泊宅编》 • （宋）叶梦得：《石林燕语》 • （宋）徐度：《却扫编》 • （宋）张邦基：《墨庄漫录》 • （宋）吴曾：《能改斋漫录》 • （宋）洪迈：《夷坚志》 • （宋）王明清：《玉照新志》 • （宋）周辉：《清波杂志》 • （宋）赵彦卫：《云麓漫钞》 • （宋）张世南：《游宦纪闻》 • （宋）周密：《癸辛杂识》 • （元）杨瑀：《山居新语》 • （元）盛如梓：《庶斋老学丛谈》 • （元）孔齐：《至正直记》 • （元）郑元祐：《遂昌山樵杂录》 • （明）长谷真逸：《农田余话》 • （元）姚桐寿：《乐郊私语》

史料类型	举例	历代代表性文献与著述
	• 《曲洧旧闻》 • 《邵氏闻见录》 • 《邵氏闻见后录》 • 《鸡肋编》 • 《默记》 • 《容斋随笔》 • 《桯史》 • 《愧郯录》 • 《老学庵笔记》 • 《宾退录》 • 《四朝闻见录》 • 《武林旧事》 • 《梦粱录》 • 《玉堂嘉话》 • 《齐东野语》 • 《归潜志》 • 《南村辍耕录》 • 《草木子》 • 《七修类稿》 • 《水东日记》 • 《今言》 • 《典故纪闻》 • 《戒庵老人漫笔》 • 《万历野获编》 • 《五杂俎》 • 《少室山房笔丛》 • 《玉堂丛语》 • 《涌幢小品》 • 《留青日札》 • 《玉堂荟记》 • 《荷插丛谈》 • 《陶庵梦忆》 • 《广阳杂记》 • 《池北偶谈》 • 《北游录》 • 《居易录》 • 《觚賸》 • 《檐曝杂记》 • 《履园丛话》 • 《槐厅载笔》 • 《陶庐杂录》 • 《听雨丛谈》 • 《茶余客话》 • 《啸亭杂录》 • 《归田琐记》	• (清)王士祯：《池北偶谈》《香祖笔记》 • (清)徐锡麟、钱泳：《熙朝新语》 • (清)陈康祺：《郎潜纪闻》 • (清)陈其元：《庸闲斋笔记》 • (清)薛福成：《庸庵笔记》 • 《日知录集释》 ……

续表

史料类型	举例	历代代表性文献与著述
	• 《竹叶亭杂记》 • 《日知录》 • 《陔余丛考》 • 《癸巳类稿》 • 《癸巳存稿》 • 《十驾斋养新录》 • 《廿二史考异》 • 《十七史商榷》 • 《廿二史札记》	
杂史 史料	• 《逸周书》 • 《国语》 • 《战国策》 • 《越绝书》 • 《吴越春秋》 • 《古史考》 • 《帝王世纪》 • 《路史》 • 《楚汉春秋》 • 《风俗通义》 • 《世说新语》 • 《贞观政要》 • 《安禄山事迹》 • 《东观奏记》 • 《南唐近事》 • 《麈史》 • 《青溪寇轨》 • 《北狩见闻录》 • 《朝野类要》 • 《松漠纪闻》 • 《平宋录》 • 《蒙鞑备录》 • 《蒙古秘史》 • 《蒙古源流》 • 《站赤》 • 《长春真人西游记》 • 《国初群雄事略》 • 《西园闻见录》 • 《春明梦余录》 • 《北征录》 • 《抚安东夷记》 • 《建州私志》 • 《驭倭录》 • 《嘉靖东南平倭通录》	• (清)陈逢衡:《逸周书补注》 • (清)孙诒让:《周书斠补》 • 刘师培:《周书补正》 • (清)朱右曾:《逸周书集训校释》 • (清)洪亮吉:《国语韦昭注疏》 • (清)汪远孙:《国语校注本三种》 • 吴曾祺:《国语韦解补正》 • 《吴越春秋辑校汇考》 • 吴树平:《风俗通义校释》 • 徐震堮:《世说新语校笺》 • (宋)陆游:《南唐书》 • (清)曹元忠:《蒙鞑备录校注》 ……

续表

史料类型	举例	历代代表性文献与著述
	• 《万历武功录》 • 《启祯两朝剥复录》 • 《流寇志》 • 《烈皇小识》 • 《怀陵流寇始终录》 • 《明季北略》 • 《明季南略》 • 《东南纪事》 • 《鹿樵纪闻》 • 《庄氏史案》 • 《庄史案辑论》	
类书、丛书、辑佚书史料	**类书史料** • 《北堂书钞》 • 《艺文类聚》 • 《初学记》 • 《白氏六帖事类集》 • 《太平御览》 • 《册府元龟》 • 《玉海》 • 《永乐大典》 • 《古今图书集成》	• (汉)王象、刘劭:《皇览》 • (唐)徐勉:《华林遍略》 • (北齐)祖珽:《修文殿预览》 • (唐)虞世南:《北堂书钞》 • 《韵府群玉》 • (清)张英:《渊鉴类函》 • (清)张玉书:《佩文韵府》 • (明)邹道元:《汇书详注》 • (明)俞安期:《唐类函》 • (明)唐顺之:《荆川稗编》 • (明)徐元太:《喻林》 • (明)王志庆:《古俪府》 • (清)陈元龙:《格致镜源》 • (清)魏崧:《壹是纪始》 ……
	丛书史料 • 《儒学警悟》 • 《百川学海》 • 《说郛》 • 《金声玉振集》 • 《百陵学山》 • 《纪录汇编》 • 《格致丛书》 • 《宝颜堂秘笈》 • 《津逮秘书》 • 《通志堂经解》 • 《学海类编》 • 《昭代丛书》 • 《四库全书》 • 《武英殿聚珍版书》 • 《抱经堂丛书》 • 《琳琅密室丛书》	• (明)胡维新:《两京遗编》 • (清)王灏:《畿辅丛书》 • 顾炎武:《亭林遗书》 • 《四库全书》 • (明)李栻:《历代小史》 • (明)王文禄:《百陵学山》 • (明)吴琯:《古今逸史》 • (明)周履靖:《夷门广牍》 • (明)商濬:《稗海》 • (明)高明凤:《今献汇言》 • (明)沈节甫:《纪录汇编》 • (明)周子义:《子汇》 • (明)樊维城:《盐邑志林》 • (清)纳兰性德:《通志堂经解》 • (清)曹溶:《学海类编》 • (清)曹寅:《栋亭藏书二十种》 • (清)陈湖逸士:《荆驼逸史》

史料类型		举例	历代代表性文献与著述
		• 《知不足斋丛书》 • 《粤雅堂丛书》 • 《学津讨原》 • 《墨海金壶》 • 《借月山房汇钞》 • 《艺海珠尘》 • 《士礼居丛书》 • 《岱南阁丛书》 • 《雅雨堂丛书》 • 《拜经楼丛书》 • 《经训堂丛书》 • 《平津馆丛书》 • 《守山阁丛书》 • 《四部丛刊》 • 《四部备要》 • 《丛书集成初编》	• 刘承干：《嘉业堂丛书》《留余草堂丛书》《求恕斋丛书》 • 张钧衡：《适园丛书》《择是居丛书初集》 • 董康：《诵芬室丛刊》 • 陶湘：《托跋廛丛刻》《百川书屋丛书》《喜咏轩丛书》 ……
	辑佚书 史料	• 《玉函山房辑佚书》 • 《汉学堂丛书》	• (宋)王应麟：《周易郑康成注》《三家诗考》 • (明)孙毂：《古微书》 • (清)任大椿：《小学钩沉》 • (清)张澍：《二酉堂丛书》 • (清)王谟：《汉魏遗书钞》 • 王鉴：《黄氏逸书考》 • (清)朱右曾：《汲冢纪年存真》
档案 史料	明清内 阁大库 档案及 "满老 档案"	• 《明清史料》 • 《顺治元年内外 官署奏疏》 • 《洪承畴章奏文 册汇辑》 • 《掌故丛编》 • 《文献丛编》 • 《史料旬刊》 • 《清代档案史料 丛编》 • 《清三藩史料》 • 《清代文字狱 档》 • 《无圈点档册》 • 《加圈点档册》	• 《清九朝京省报销册目录》 • 《嘉庆朝外交史料》 • 《道光朝外交史料》 • 《清光绪朝中日交涉史料》 • 《清光绪朝中法交涉史料》 • 《清宣统朝中日外交史料》 • 《故宫文献》 • 《宫中档康熙朝奏折》 • 《宫中档雍正朝奏折》 • 《宫中档乾隆朝奏折》 • 《宫中档光绪朝奏折》 • 《年羹尧奏折》 • 《明清档案存真选辑》 • 《满洲老档秘录》 • 《汉译满洲老档拾零》 • 《重译〈满文老档〉》 • 《旧满洲档》 ……
	其他明 清档案 史料	• "玉牒" • "户口册" • "满汉文书" • "宫中档" • "军机处档"	• 《曲阜孔府档案史料选编》 ……

史料类型	举例	历代代表性文献与著述
	• "起居注册" • "清实录" • "清史馆档" • "本纪" • "满文老档" • "诏书" • "杂项档"	
亚洲国家史籍中中国史料	• 《高丽史》 • 《老乞大》 • 《李朝实录》 • 《沈阳状启》 • 《毕依斋遗稿》 • 《中韩关系史料辑要》 • 《华夷变态》 • 《鞑靼漂流记》 • 《东鞑纪行》 • 《历代宝案》 • 《球阳》 • 《日中领土争端的起源》 • 《大越史记全书》 • 《大南实录》 • 《世界征服者史》 • 《史集》 • 《中国纪行》	• 吴晗：《朝鲜李朝实录中的中国史料》 • 《马可·波罗游记》 • 瓦西里耶夫：《中国的发现》 • 维谢洛夫斯基：《俄国驻北京传道团史料》 • 冈索维奇：《阿穆尔边区史》 • 柯尔萨克：《俄中通商历史统计概览》 • 马克：《黑龙江旅行记》 • 特鲁谢维奇：《19世纪前的俄中贸易通使与通商关系》 • 阿尔谢尼耶夫：《中国人在乌苏里边疆区》 • 洪大容：《湛轩燕记》 • 朴趾源：《热河日记》 • 《燕行录》 • 徐浩修：《燕行记》 • 柳得恭：《热河纪行诗注》 • 《钦定越史通鉴纲目》 • 《钦定大南会典事例》 •……
西方国家的中国史料	• 《普兰诺·卡尔平尼行记》 • 《卢布鲁克行记》 • 《马可·波罗行记》 • 《鄂多立克东游录》 • 《耶稣会士中国书简集》 • 《圣教入川记》 • 《张诚日记》 • 《耶稣会士徐日升关于中俄尼布楚谈判的日记》 • 《巴函选译》 • 《燕京开教略》 • 《康熙帝传》 • 《汤若望传》 • 《清代西人见闻录》	• 《耶稣会士中国书简集》 • 卫匡国：《鞑靼战记》 • 张诚：《对大鞑靼的历史考察概述》 • 德斯得利：《准噶尔贵族侵扰西藏目击记》 •……

注：本表内容根据安作璋主编《中国古代史史料学》及其他资料整理。

（国外史料 — 左侧跨行）

参考文献

[1] 葛剑雄. 通识写作:怎样进行学术表达[M].上海:上海人民出版社,2020.

[2] 许浩,朱笑禾,杜丙旭.明代南京佛寺的选址与景观风貌特征[J].南京林业大学学报(人文社会科学版),2021,21(2):102-112.

[3] 梁洁,郑炘.晚明寄畅园水池"锦汇漪"及其周边复原研究[J].中国园林,2018,34(12):135-139.

[4] 张龙,王奥怡,赵迪.颐和园绮望轩建筑群遗址复原研究[J].故宫博物院院刊,2020(10):83-95.

[5] 陆耀祖口述.唐建芳,苏州仁和园林整理.许浩等编著.香山帮建筑园林理念与营造[M].南京:东南大学出版社,2020.

[6] 梁启超.中国历史研究法[M].影印本.上海:上海科学技术文献出版社,2015.

[7] 董玉玲,许浩,杜丙旭.雅集图中古代文人活动与园林空间表现特征分析[J].园林,2022,39(8):114-124.

[8] 曹永茂,李和平.历史城镇保护中的历时性与共时性:"城市历史景观"的启示与思考[J].城市发展研究,2019,26(10):13-20.